요리가 **즐거운**

프라이팬
100

FRYPAN HITOTSU DE 100 MENU

ⓒ THE ORANGE PAGE INC.2009
Originally published in Japan in 2009 by THE ORANGE PAGE INC.
Korean Translation rights arranged through TOHAN CORPORATION, TOKYO.,
and BC Agency, SEOUL

일본 가정식부터 술안주까지 쉽고 만만하다!

요리가 즐거운 프라이팬 100

ⓒ 오렌지페이지 출판편집부, 2011

초판 1쇄 인쇄일 2011년 1월 14일
초판 1쇄 발행일 2011년 1월 24일

글·사진 오렌지페이지 출판편집부 옮긴이 강현정
펴낸이 김지영 펴낸곳 작은책방
편집 김현주 디자인 박혜영
마케팅 김동준, 조명구 제작·관리 김동영, 신미혜

출판등록 2001년 7월 3일 제 2005-000022호
주소 121-895 서울 마포구 서교동 400-16 3층
전화 (02)2648-7224 팩스 (02)2654-7696
홈페이지 www.jakeun.kr

ISBN 978-89-5979-213-9 13590

• 잘못된 책은 교환해 드립니다.

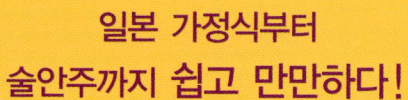

일본 가정식부터
술안주까지 쉽고 만만하다!

요리가 즐거운
프라이팬
100

오렌지페이지 출판편집부 글 · 사진 강현정 옮김

해든아침

Contents

재료별 INDEX · 006

PART 1 굽는 방법을 알면 요리 실력이 향상되는 **최고 인기 메뉴** · **010**

바삭바삭 치킨소테 12 닭날개 소금구이 15 스파이시 치킨 16 포크소테 18 돼지고기 생강구이 20 햄버그 22
중화풍 고기완자 24 데리야키 치킨 26 방어 데리야키 28 쇠고기 다다키 30 로스트비프 32 가다랑어 다다키 33
쇠고기 스테이크 토마토소스 34 고등어 소금구이 36 꽁치 소금구이 38 연어 므니엘 40 도미 소테 42
미트 오믈렛 44 낫토 오믈렛 46 오므라이스 48

PART 2 프라이팬이니까 맛있다! 자신만만 **조림 · 생선조림** · **050**

한식 고기감자조림 53 양배추닭고기찜 54 닭날개와 토란조림 55 쇠고기와 토마토 스튜 56
돼지고기 연근조림 57 일식 금눈돔조림 59 가자미조림 60 정어리 우메보시조림 62 꽁치생강조림 64
고등어참깨된장조림 65 두부볶음 66 톳조림 68 콩비지어묵볶음 69 무말랭이조림 70 가지조림 71

PART 3 2㎝의 기름으로 OK **튀김 & 프라이** · **072**

베이컨 빅까스 75 돼지고기 튀김 76 한입 고등어 튀김 77 연어 토마토마리네 78 누드치킨 튀김 80
닭고기와 두부 튀김 81 이색야채튀김 82 양배추돈까스 83 스틱춘권 84
프라이드 아스파라거스&에그 82 관자와 야채튀김꼬치 83

PART 4 푸짐하고 고소하다! 프라이팬으로 만드는 **영양만점 밥** · **088**

미트볼 빠에야 90 돼지고기와 콩 빠에야 92 죽순도미밥 94 돼지고기김치볶음밥 96 소스볶음밥 98
볶음카레 100 볶음타코라이스 102 갈릭스테이크 라이스 104 두부국밥 106 스키야키리조또 108
토마토와 베이컨 리조또 110 모시조개치즈리조또 112

 **PART 5** 세 가지 같은 재료 × 프라이팬으로 굽고, 끓이고, 볶는 메뉴 3배 대작전! · **116**

육류가 메인인 3가지 재료로 · **118**

가지 피망 고기전 118 중화풍 야채소테 120 드라이야채카레 121 돼지고기 야채볶음 122
중화풍 돼지고기 샐러드 124 매콤한 나물볶음 125 점보 데리야키버거 126 사각사각 연근볶음 128
연근슈마이 129 치킨무샐러드 130 닭고기무국 132 닭고기무찜 133 치킨회과육 134
치킨양배추그릴 136 양배추찜닭 137 쇠고기부추전 138 쇠고기에스닉볶음 140 쇠고기부추전골 141

어패류가 메인인 3가지 재료로 · **142**

연어 데리야키 142 연어 스테이크 144 연어와 순무 크림스튜 145 매콤새우볶음 146 새우해시드포테이토 148
새우감자 150 흰살생선조림 152 흰살생선파된장돔부리 154 흰살생선과 참마볶음 155
모시조개와 브로콜리볶음 156 모시조개 카레 필라프 158 모시조개 야채볶음 159

두부 · 달걀이 메인인 3가지 재료로 · **160**

부추마파두부 160 돼지고기두부된장볶음 162 두부참깨버거 163 튀긴 두부 탕수육 164 튀긴 두부 간장스테이크 166
튀긴 두부와 강낭콩 일식카레 167 달걀치즈포테이토 168 감자 오코노미야키 170 달걀맛살감자 171

 **PART 6** 프라이팬 완결자 한 그릇 면요리 · **172**

고명조림 야키소바 172 크리미카레우동 176 된장비빔면 177 나폴리탄 야끼소바 178
까르보우동 179 짬뽕소바 180 모시조개국수 181

 **PART 7** 프라이팬으로 만드는 퀵안주 · **182**

에스닉풍 브로콜리 · 스틱유부 · 표고버섯 미니그라탕 184
게맛살 춘권 · 구운 참마와 연근 · 이소베치즈토스트 · 김포테이토 186
사사미 다다키 · 미니아메리칸도그 · 양송이 갈릭조림 · 칠리어묵 188

재료의 밑손질 · 192
요리의 첫걸음 · 195
이 책에 나오는 재료 · 199

육류

닭고기

132 닭고기무국
133 닭고기무찜
015 닭날개 소금구이
055 닭날개와 토란조림
026 데리야키 치킨
012 바삭바삭 치킨소테
016 스파이시 치킨
054 양배추닭고기찜
137 양배추찜닭
080 누드치킨 튀김
130 치킨무샐러드
136 치킨양배추그릴
134 치킨회과육

돼지고기

020 돼지고기 생강구이
057 돼지고기 연근조림
122 돼지고기 야채볶음
076 돼지고기 튀김
125 매콤한 나물볶음
075 베이컨 빅까스
083 양배추돈까스
124 중화풍 돼지고기 샐러드
018 포크소테

쇠고기

032 로스트비프
030 쇠고기 다다키
034 쇠고기 스테이크 토마토소스
138 쇠고기부추전
141 쇠고기부추전골
140 쇠고기에스닉볶음
056 쇠고기와 토마토 스튜

육가공품(베이컨)

075 베이컨 빅까스

저미거나 다진 고기

118 가지 피망 고기전(소+돼지고기)
081 닭고기와 두부 튀김(닭고기)
162 돼지고기두부된장볶음(돼지고기)
163 두부참깨버거(돼지고기)
044 미트 오믈렛(돼지고기)
160 부추마파두부(돼지고기)
128 사각사각 연근볶음(닭고기)
129 연근슈마이(닭고기)
126 점보 데리야키버거(닭고기)
024 중화풍 고기완자(돼지고기)
120 중화풍 야채소테
053 한식 고기감자조림(돼지고기)
022 햄버그(소+돼지고기)

어류

가다랑어

033 가다랑어 다다키

가자미

060 가자미조림

고등어

036 고등어 소금구이
065 고등어참깨된장조림
077 한입 고등어 튀김

금눈돔

059 일식 금눈돔조림

꽁치

038 꽁치 소금구이
064 꽁치생강조림

모시조개

156 모시조개와 브로콜리볶음
159 모시조개 야채볶음
158 모시조개 카레 필라프

방어

028 방어 데리야키

새우

146 매콤새우볶음
150 새우감자
148 새우해시드포테이토

연어
142 연어 데리야키
040 연어 므니엘
144 연어 스테이크
145 연어와 순무 크림스튜
078 연어 토마토마리네

정어리
062 정어리 우메보시조림

해산물 가공식품(게맛살)
170 감자 오코노미야키
171 달걀맛살감자
168 달걀치즈포테이토

흰살생선
042 도미 소테
155 흰살생선과 참마볶음
152 흰살생선조림

야채

가지
118 가지 피망 고기전
120 중화풍 야채소테

감자
170 감자 오코노미야키
171 달걀맛살감자
168 달걀치즈포테이토
146 매콤새우볶음
150 새우감자
148 새우해시드포테이토
053 한식 고기감자조림(돼지고기)

그린아스파라거스
146 매콤새우볶음
150 새우감자
148 새우해시드포테이토

꼬투리콩
164 튀긴 두부 탕수육
167 튀긴 두부와 강낭콩 일식카레

만가닥버섯
166 튀긴 두부 간장스테이크
164 튀긴 두부 탕수육
167 튀긴 두부와 강낭콩 일식카레

무
132 닭고기무국
133 닭고기무찜
130 치킨무샐러드

부추
162 돼지고기두부된장볶음
163 두부참깨버거(돼지고기)
160 부추마파두부(돼지고기)
138 쇠고기부추전
141 쇠고기부추전골
140 쇠고기에스닉볶음

브로콜리
156 모시조개와 브로콜리볶음
159 모시조개 야채볶음
158 모시조개 카레 필라프

숙주나물
125 매콤한 나물볶음
122 돼지고기 야채볶음
124 중화풍 돼지고기 샐러드

순무
142 연어 데리야키
144 연어 스테이크
145 연어와 순무 크림스튜

양배추
054 양배추닭고기찜
083 양배추돈까스
137 양배추찜닭
136 치킨양배추그릴
134 치킨회과육

메인메뉴

연근
057 돼지고기 연근조림
128 사각사각 연근볶음(닭고기)
129 연근슈마이(닭고기)
126 점보 데리야키버거(닭고기)

참마
155 흰살생선과 참마볶음
152 흰살생선조림

토란
055 닭날개와 토란조림

토마토
034 쇠고기 스테이크 토마토소스
056 쇠고기와 토마토 스튜
078 연어 토마토마리네

피망
118 가지 피망 고기전
120 중화풍 야채소테

달걀 · 두부 · 곤약

낫토
046 낫토 오믈렛

달걀
170 감자 오코노미야키
046 낫토 오믈렛
171 달걀맛살감자
168 달걀치즈포테이토
044 미트 오믈렛(돼지고기)
048 오므라이스

실곤약
138 쇠고기부추전
141 쇠고기부추전골
140 쇠고기에스닉볶음

튀긴 두부(아츠아게)
166 튀긴 두부 간장스테이크
164 튀긴 두부 탕수육
167 튀긴 두부와 강낭콩 일식카레

밥

104 갈릭스테이크 라이스
096 돼지고기김치볶음밥
092 돼지고기와 콩 빠에야
106 두부국밥
158 모시조개 카레 필라프
112 모시조개치즈리조또
090 미트볼 빠에야
100 볶음카레
102 볶음타코라이스
098 소스볶음밥
108 스키야키리조또
121 드라이야채카레
094 죽순도미밥
110 토마토와 베이컨 리조또
154 흰살생선파된장돔부리

면

174 고명조림 야키소바
179 까르보우동
178 나폴리탄 야끼소바
177 된장비빔면
181 모시조개국수
180 짬뽕소바
176 크리미카레우동

고기 · 육가공품

닭사사미
189 사사미 다다키

비엔나소시지
189 미니아메리칸도그

어패류 · 어패류가공품

게맛살 · 어묵
187 게맛살 춘권
189 칠리어묵

관자
087 관자와 야채튀김꼬치

야채

가지
071 가지조림

꼬투리콩 · 당근
082 이색야채튀김

버섯
189 양송이 갈릭조림
185 표고버섯 미니그라탕

브로콜리
185 에스닉풍 브로콜리

참마 · 연근
187 구운 참마와 연근

달걀 · 두부

달걀
086 프라이드 아스파라거스&에그

두부 · 유부 · 비지
066 두부볶음
185 스틱유부
069 콩비지어묵볶음

건어물 · 가공품

건어물
070 무말랭이조림
187 이소베치즈토스트
068 톳조림

냉동감자튀김
187 김포테이토

춘권피
084 스틱춘권

포크소테   생선소태   오믈렛

Part 1

굽는 방법을 알면 요리 실력이 향상되는

최고 인기 메뉴

프라이팬으로 제일 먼저 익히고 싶은 요리는 바로 능숙한 고기·생선·달걀요리이다.

굽는다! 라는 아주 간단한 방법을 조금만 연구해도

똑같은 재료가 전혀 달라 보이는 최고의 한접시로 완성된다.

치킨소테나 햄버그, 생선 므니엘, 오믈렛… 등

인기메뉴의 '굽는 방법'을 정성스럽게 설명하여

가정에서는 도저히 흉내 낼 수 없다고 지레 포기한 음식도 완벽하게 익힐 수 있다.

이제부터는 자신감을 갖고 실력을 향상시켜보자!

* 각 메뉴의 열량·염분은 곁들여 내는 음식을 포함한 수치입니다.
* IH조리기구를 사용할 경우에는 화력이 약하므로 약불 → 약한 중불로 상태를 살펴가며 불조절을 하세요.

바삭바삭 치킨소테

1인분 399kcal · 염분 2.3g

껍질을 살코기보다 2배 더 오래 구우면,
바삭한 껍질과 부드러운 육즙을 동시에 즐길 수 있다.

닭고기를 바삭하게 굽는다

재료 (2인분)	
닭넓적다리살	2장(약 450g)
소금, 후추, 샐러드유	

아스파라거스와 파프리카소테

그린아스파라거스 1다발은 뿌리를 자르고 아랫부분의 껍질을 벗긴다. 붉은 피망(파프리카) $\frac{1}{2}$개는 꼭지와 씨앗을 제거하고 가로로 얇게 썬다. 프라이팬에 샐러드유 $\frac{1}{2}$큰술을 중불로 잘 달구고, 아스파라거스와 붉은 피망을 3분 정도 볶다가 소금, 후추를 약간씩 뿌린다. 그릇에 펼친 후 치킨소테를 얹고 씨겨자를 적당히 곁들인다.

1 닭고기는 20~30분 전에 냉장고에서 꺼내 실온에 둔다. 불필요한 껍질과 지방을 제거하고 두께가 고르게 펼친다. 소금 $\frac{1}{2}$작은술, 후추 약간을 양면에 뿌리고 10분간 재운다.

> 껍질은
> 천천히 익힐 것!
> 뒤집개로 눌러가며
> 바삭하게

2 프라이팬에 샐러드유를 약간 두르고 온기가 느껴질 때까지 중불로 달군다. 닭고기는 껍질을 아래쪽으로 하여 밑으로 나란히 넣고 중불에서 뒤집개로 전체를 골고루 누르며 6~7분간 굽는다.

3 프라이팬에 생긴 기름을 키친타월로 닦아내고, 닭고기를 뒤집어서 중불에서 3~4분간 더 익힌다.

> 잔열시간도
> 계산해 미리 꺼낸다.
> 푹 익히지 않아
> 퍽퍽하지 않고
> 촉촉하게

4 이쑤시개로 찔러보고 이쑤시개가 들어간 부분이 따뜻하면 OK. 프라이팬에서 꺼내어 잔열로 1분가량 익힌다.

잘 굽는 비결은 예열에 숨어 있다!

프라이팬을 달구는 방법은 소재나 메뉴에 따라 다양하다. 예열의 달인이 되어 프라이팬의 비기를 연마하자.

살짝 온기가 느껴지는 정도

손으로 만져보고 따뜻하게 느끼는 정도. 닭넓적다리살과 닭날개, 돼지 안심 등을 천천히 익힐 때, 재료 자체에서 기름이 나오는 경우 등.

기름을 잘 달구는 경우

프라이팬에 두른 기름이 매끄럽게 흐를 만큼 충분히 달궈지고 마늘이나 올리브유 등의 향이 나는 정도. 재료에 밀가루를 묻혀 소테하는 경우, 다진 고기의 표면을 빨리 익혀내고 싶을 때 등.

전체적으로 충분히 달궈진 정도

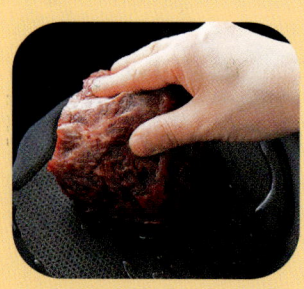

기름을 두른 프라이팬을 중불로 천천히 가열해서 전체가 충분히 뜨거워진 정도. 다다키나 생선구이 등, 순식간에 표면을 익혀 색을 입히고 싶은 경우, 생선 껍질을 노릇하게 구워내고 싶은 경우 등.

버터로 달구는 경우

버터를 사용해 굽는 경우에는 프라이팬이 타지 않도록 먼저 버터의 $\frac{1}{2}$ 분량을 약불로 천천히 녹인다. 오믈렛이나 버터구이에 맞는 예열

닭날개 소금구이

안주로도 최고인 닭날개. 포장마차에서 먹는
안주처럼 바삭한 닭날개 구이가 프라이팬 하나로 가능하다.

재료(2인분)

닭날개	8~10개(약 400g)
소금, 후추, 샐러드유	

구운파 + 레몬

파는 한 포기를 5cm 길이로 자른다. 프라이팬에 샐러드유 $\frac{1}{2}$큰술을 둘러 중불에 달구고(왼쪽 2), 파를 1~2분 정도 굽다가 익어서 색이 변하면 뒤집어서 같은 방법으로 1~2분간 더 익힌다. 소금을 약간 뿌려서 꺼내고, 닭날개와 함께 그릇에 담는다. 레몬 $\frac{1}{4}$쪽과 시치미를 적당히 곁들여 취향에 따라 레몬즙을 짜거나 시치미를 뿌려 먹는다.

1 닭고기는 20~30분 전에 냉장고에서 꺼내 실온에 둔다. 뼈 사이에 칼집을 넣고 소금 $\frac{1}{2}$작은술, 후추 약간을 전체에 뿌려 20분간 재워둔다.

중2 프라이팬에 샐러드유를 약간 두르고 중불에 따뜻하게 달군다(왼쪽1). 닭고기는 껍질을 밑으로 겹치지 않게 넣고 중불에서 7~8분 정도 뒤집개로 누르며 굽는다.

중3 프라이팬에 생긴 불필요한 기름은 키친타월로 닦아내고 뒤집어서 중불에 4분 정도 더 굽는다.

4 이쑤시개로 찔러보고 들어간 부분이 따뜻하면 OK! 프라이팬에서 꺼내 1분가량 잔열로 익힌다.

스파이시 치킨

1인분 385kcal · 염분 1.8g

카레가루와 후추의 매운맛을 살려 어른 입맛으로!
향신료는 식욕증진 외에도 고기의 냄새를 없애는 역할도 한다.

재료(2인분)

닭넓적다리		2장(약 450g)
A	소금	$\frac{1}{4}$작은술
	흑통후추	1~2작은술
	분말카레	1~2작은술
샐러드유(또는 올리브유)		

1 닭고기는 20~30분 전에 냉장고에서 꺼내 실온에 둔다. 불필요한 껍질과 지방은 제거하고 힘줄은 잘라 두께가 고르게 펼친다. A를 양면에 뿌리고 10분간 재운다.

중 2 프라이팬에 샐러드유를 약간 두르고 중불로 따뜻하게 달군다. 닭고기는 껍질을 아래쪽으로 하여 넣고 중불에서 6~7분간 뒤집개로 눌러가며 굽는다.

중 3 프라이팬에 생긴 불필요한 기름을 키친타월로 닦아내고 뒤집어서 중불로 3~4분간 더 굽는다.

4 이쑤시개로 찔러보고 들어간 부분이 따뜻하면 OK! 프라이팬에서 꺼내 1분가량 잔열로 익힌다. 먹기 쉽게 잘라서 그릇에 담는다.

구운 토마토

토마토 1개(약 160g)는 꼭지를 떼고 가로로 폭 1㎝ 크기로 둥글썰기 한다. 프라이팬에 샐러드유 $\frac{1}{2}$큰술을 중불로 달구고 토마토를 약 30초간 굽는다. 익어서 색이 변하면 뒤집어서 재빨리 구운 후 소금과 카레가루를 조금씩 뿌린다. 꺼내서 스파이시 치킨과 함께 그릇에 담고, 취향에 따라 카레가루와 흑통후추를 약간 뿌린다. 실파 끝부분을 1~2개 정도 얹는다.

사진 : 「다이어트의 여왕」 토마토편 ‘토마토 구이’

포크소테

1인분 484kcal · 염분 1.0g

양념해서 재운 고기에 밀가루를 묻히면 항상 먹던 돼지고기의 식감도 달라진다.
너무 익히지 않도록 고기의 두께에 맞춰 굽는 시간은 조절한다.

돼지고기를 부드럽게 굽는다

재료 (2인분)		
돼지고기어깨살(로스돈까스용)		
	2장(약 250g)	
마늘		$\frac{1}{2}$개
A	올리브오일, 갈은 양파	
		2큰술
	화이트 와인	1큰술
소금, 후추, 밀가루, 샐러드유		

방울토마토와 상추

방울토마토 5~6개는 꼭지를 떼고 반으로 자른다. 상추는 2장을 한입 크기로 찢는다. 포크소테와 함께 그릇의 한쪽에 담는다.

1 돼지고기는 힘줄을 자르고 칼등이나 방망이로 양면을 30회 정도 두드려 두께를 고르게 편다.

2 배트에 돼지고기와 A를 순서대로 넣어 양면에 묻히고, 30분~1시간 정도 냉장고에 재운다. 배어나온 즙을 가볍게 닦아내고 소금 $\frac{1}{3}$작은술, 후추 약간을 뿌린 후 실온에 10분 정도 재운다.

> 굽기 직전 고기에 밀가루를 묻혀 부드러움을 유지

3 돼지고기의 즙을 닦고 굽기 직전 양면에 밀가루 1큰술을 가볍게 묻히고 불필요한 가루는 털어낸다. 마늘은 뒤집개로 두드려서 쪼갠다.

> 잘 달군 마늘기름에 넣고 양면을 노릇하고 향기롭게 소테

4 프라이팬에 샐러드유 1큰술과 마늘을 넣고 중불에 잘 달군다. 접시에 돼지고기를 담을 때 위가 되는 면을 아래로 넣고 중불로 4~5분간 굽는다. 뒤집어서 2~3분간 더 굽다가 꺼내서 그릇에 담는다.

돼지고기 생강구이

1인분 471kcal · 염분 2.1g

생강구이는 밀가루를 묻혀 굽다가 마지막에 양념을 묻힌다.
맛이 확실하게 스며들고 식감도 부드러워진다.

돼지고기어깨살 (로스생강구이용) 250g		
A	갈은 생강	2개 분량
	청주, 미림	각 2큰술
	간장	$1\frac{1}{2}$큰술
	샐러드유	1작은술
밀가루, 샐러드유		

잘게 썬 양배추

양배추 2장(약 100g)은 딱딱한 심 부분을 도려내고 채썬다. 물에 씻어서 물기를 털어 접시에 놓고 생강구이를 얹는다.

1 돼지고기는 두께가 두꺼우면 힘줄을 자른다. 배트에 A를 혼합해 돼지고기를 넣어 양면에 묻히고 30분 정도 냉장고에 재워둔다. 배어나온 즙을 털어내고 굽기 직전 밀가루 2작은술을 전체에 묻힌다(즙은 따로 둔다).

중 2 프라이팬에 샐러드유 1큰술을 중불로 잘 달구고 돼지고기를 겹치지 않게 펼쳐 넣는다. 중불로 2~3분간 굽다가 색이 들면 뒤집는다.

3 고기의 즙을 넣고 강한 중불로 굽는다. 즙이 거의 없어질 때까지 프라이팬을 흔들며 상하를 한번 뒤집어 윤기가 날 때까지 굽는다.

햄버그

1인분 527kcal · 염분 3.9g

식감 면에서도 육즙의 촉촉함 면에서도 햄버그는 빅사이즈가 최고!
마지막에 구우면서 생긴 즙을 이용해 만든 소스를 마지막에 뿌려준다.

다진 고기를 촉촉하게 굽는다

재료(2인분)		
반죽	다진 고기	250g
	(다진 쇠고기 150g과 다진 돼지고기 100g의 비율)	
	양파	$\frac{1}{2}$개(약 80g)
	빵가루	$\frac{1}{2}$컵
	우유	$\frac{1}{4}$컵
	달걀	1개
	소금	$\frac{1}{3}$작은술
	후추, 넛맥	각 소량
A	돈까스 소스, 토마토 케첩	각 3큰술
	레드와인	$\frac{1}{3}$컵
	씨겨자	1큰술
샐러드유		

크레송

크레송 3장의 잎 끝을 뜯어 햄버그에 첨가한다.

1 양파는 잘게 다진다. 빵가루를 그릇에 담고 우유를 부어 섞는다. 그릇에 다진 고기와 양파, 빵가루를 넣고 달걀을 깨뜨려 넣는다. 소금, 후추, 넛맥을 넣고 점성이 생길 때까지 치댄다.

2 손에 샐러드유 약간을 묻히고 반죽을 2등분으로 나눠 양손으로 주고받으며 공기를 빼고 타원형으로 만든다. 배트에 나란히 놓고 중앙을 살짝 눌러 모양을 정리한다. 30분 정도 냉장고에 재워 반죽을 숙성시킨다.

양면을 구운 후 뚜껑을 덮고 약불로 살짝 익힌다

3 프라이팬에 샐러드유 1큰술을 중불로 잘 달구고, 햄버그의 중앙을 누르며 나란히 넣는다. 중불에서 3~4분간 굽다가 뒤집어서 3~4분간 굽는다. 뚜껑을 덮고 약불로 5분 정도 굽다가 접시에 담는다.

중 → 약

완성된 햄버그에서 배어나온 즙을 이용해 만든 특제소스를 끼얹어 레스토랑 음식처럼

중

4 A를 섞어서 프라이팬에 남은 국물에 A를 넣고 중불로 끓인다. 끓어오르면 햄버그를 다시 넣고 1~2분간 프라이팬을 흔들며 조린다.

중화풍 고기완자

1인분 519kcal · 염분 3.8g

프라이팬 하나로 할 수 있는 튀기지 않은 고기완자.
햄버그 방식으로 구운 후 소스를 묻히면 부드럽고 촉촉해 먹기 편하다.

재료(2인분)			
반죽	다진 고기	300g
	양파	$\frac{1}{4}$개
	달걀	1개
	간장	1작은술
	갈은 생강	$\frac{1}{2}$개 분량
	후추	약간
A	식초, 물	각 $\frac{1}{4}$컵
	설탕, 간장, 토마토케첩	각 2큰술
	녹말가루	2작은술
참기름		

흰파 & 향채

파 $\frac{1}{2}$쪽은 5㎝ 길이로 잘라 채썬다. 향채 2~3개는 잎 끝을 뜯어낸다. 찬물에 함께 씻은 후 물기를 털어내고 고기완자에 곁들인다.

1 양파는 잘게 다진다. 볼에 반죽재료를 전부 넣고 점성이 생길 때까지 치댄다. 동그란 공 모양으로 10등분하여 만든다.

2 프라이팬에 참기름 1큰술을 중불로 잘 달궈서 고기완자의 중심을 가볍게 손으로 누르며 집어넣는다. 중불로 2분 정도 구운 후 뒤집어서 2분 정도 더 익힌다. 뚜껑을 덮고 약불로 4분 정도 더 굽다가 접시에 꺼낸다.

3 프라이팬에 남은 국물에 A를 넣고 다시 중불에서 계속 저으며 끓인다. 고기완자를 다시 넣고 1분 정도 프라이팬을 흔들며 묻힌다.

데리야키 치킨

1인분 578kcal · 염분 3.4g

밀가루를 묻힌 닭고기에 매콤달콤한 소스를 잘 바른다.
마지막에 양념을 조리므로 굽는 시간은 빨리.

데리야키는 윤기나게 굽는다

재료(2인분)		
닭 넓적다리		2장(약 450g)
A	설탕, 간장, 미림	각 2큰술
	물	$\frac{1}{4}$컵
소금, 청주, 밀가루, 샐러드유		

구운 양배추

양배추 $\frac{1}{8}$통을 폭 3㎝ 정도로 위에서부터 크게 내리 썬다. 프라이팬에 샐러드유 1큰술을 잘 달구어 양배추를 나란히 넣고 3분 정도 굽는다. 익어서 색이 변하면 뒤집어서 3분 정도 굽고 다른 쪽도 노릇하게 굽는다. 먹기 편하게 잘라 데리야키 치킨에 곁들인다.

1 닭고기는 20~30분 전에 냉장고에서 꺼내 실온에 두었다가 불필요한 껍질과 지방을 제거하고 힘줄을 자른다. 두께를 고르게 펼치고 소금 약간과 청주 1큰술을 뿌려 10분 정도 재운다. 물기를 닦고 굽기 직전 밀가루 2큰술을 묻힌 뒤 불필요한 가루는 털어낸다.

소스를 얹기 전에 불필요한 기름을 닦아내면 산뜻하게 완성 가능

2 프라이팬에 샐러드유 1큰술을 중불로 잘 달구고, 닭고기를 껍질 쪽부터 집어넣어 3분 정도 굽다가 프라이팬에 나온 불필요한 기름을 키친타월로 닦아낸다.

소스는 불길 옆으로 놓으면 튀거나 타지 않아서 안심

3 A를 섞는다. 불을 끄고 A를 휘저으며 넣은 후 다시 중불에 올려 익힌다.

소스가 걸쭉한 갈색 윤기가 날 때까지 묻히며 잘 익힌다

4 이따금 고기를 뒤집어가며 전체적으로 윤기가 날 때까지 1~2분간 잘 익혀서 꺼낸다. 1분가량 잔열로 익힌 후 먹기 쉽게 잘라서 그릇에 담는다. 프라이팬에 남은 소스도 끼얹는다.

방어 데리야키

1인분 483kcal · 염분 2.3g

달달한 방어에는 진한 듯 매콤달콤한 양념이 좋다.
기름이 많은 방어는 밀가루를 묻히지 않아도 맛있다.

28

재료 (2인분)

방어		2토막(약 250g)
A	설탕	2작은술
	청주, 간장, 미림	
		각 1큰술
미림, 간장, 밀가루, 샐러드유		

참마와 꽈리고추

참마 100g의 껍질을 벗기고 1㎝ 폭으로 둥글썰기 한다. 꽈리고추 4개의 꼭지 끝을 자르고 칼끝으로 칼집을 넣는다. 프라이팬에 샐러드유 $\frac{1}{2}$큰술을 둘러 중불로 잘 달구고, 참마와 꽈리고추를 나란히 넣는다. 익어서 색이 변하면 뒤집어서 양면을 골고루 익힌다. 약간의 소금으로 맛을 내고 방어 데리야키에 곁들인다.

1 방어는 배트에 나란히 넣고 미림과 간장을 2작은술씩 뿌린 뒤 실온에 10분 정도 재운다. A를 섞는다.

2 방어에서 나온 즙을 닦아내고 굽기 직전 밀가루 약 1큰술을 얇게 묻히고 불필요한 가루는 털어낸다. 프라이팬에 샐러드유 2작은술을 중불로 잘 달구고, 방어를 담았을 때 위가 될 부분부터 넣는다. 중불에서 2~3분간 굽다가 뒤집어서 2~3분간 더 굽는다. 이따금 키친타월로 프라이팬의 기름을 닦아낸다.

3 불을 끈 뒤 A를 빙빙 휘저으면서 넣고 다시 중불로 켠다. 끓으면 약불로 놓고 이따금 방어를 뒤집어가며 전체에 윤기가 날 때까지 1~2분간 잘 묻히며 끓인다.

방어의 효능

방어에는 EPA와 DHA가 풍부하며 불포화지방 함유량도 전어나 넙치보다 높다.
생선을 주식으로 하는 에스키모인을 연구한 결과, 생선 기름이 염증을 억제하고 혈관을 확장하는 작용을 하는 등 손상된 혈관을 회복시킨다는 사실이 밝혀졌다. 또 면역체계를 활성화시키고 골다공증 예방에도 탁월한 효능이 있다.

쇠고기 다다키

1인분 219kcal · 염분 2.2g

신선한 쇠고기를 구해 손님접대에 내놓고 싶은 요리.
선명한 붉은 살의 맛과 표면의 향을 만끽할 수 있다

재료(2~3인분)

쇠고기허벅지살(다다키용)　350g

폰즈소스(아래 참조 혹은 시판용)
　　　　　　　　　　　6~7큰술

소금, 샐러드유

일식 생야채

무 100g의 껍질을 벗기고 채썬다. 무순 20g은 뿌리 쪽을 자른다. 생강 1개를 껍질을 벗기고 채썬다. 함께 찬물에 씻어 물기를 털고 소량의 무순을 접시에 펼친다. 다다키를 얹고 골라낸 무순을 얹어 폰즈소스를 얹는다.

1 쇠고기는 20~30분 전에 냉장고에서 꺼내 소금을 약간 뿌리고 실온에 둔다.

충분히 달군 프라이팬에 고기의 방향을 바꿔가며 표면 전체를 재빨리 구워 색을 입힌다.

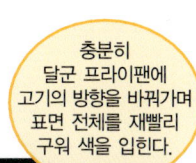

2 프라이팬에 샐러드유 1큰술을 중불로 충분히 달구고, 가볍게 물기를 닦은 쇠고기를 넣어 2분간 굽는다. 표면의 색이 변하면 방향을 바꿔 다른 면도 2분씩 굽는다.

뚜껑을 덮고 약불로 익혀 고기의 맛을 응축시킨다

3 뚜껑을 덮고 약불로 3~4분간 더 익힌다.

알루미늄호일에 싸서 천천히 식히면 고기의 기름이 굳지 않는다

4 꺼내서 알루미늄호일에 감싸고 식을 때까지 30분간 그대로 둔다. 급격히 식히기보다 기름이 굳지 않고 촉촉한 정도로 마무리한다. 식으면 먹기 좋게 잘라 그릇에 담고 폰즈소스를 뿌린다.

폰즈소스 만드는 방법

작은 냄비에 간장 3큰술, 물 2큰술, 가츠오부시 1팩(3g)을 넣고 중불에 올려, 끓어오르면 여과지에 걸러 볼에 넣는다. 식으면 폰즈(유자 또는 카보스 – 유자의 일종으로 오키나와 특산품 – 즙) 3큰술을 더한다.

로스트비프

1인분 258kcal · 염분 1.9g

다다키보다 소금을 좀 더 많이 뿌리고 좀 더 오래 굽는다.
레드 와인과 간단한 그레이비소스를 곁들여 향기롭다.

재료(2~3인분)		
쇠고기허벅지살(다다키용)		350g
A	레드 와인, 간장, 미림	각 3 큰술
	꿀, 씨겨자	각 1큰술
	식초	1작은술
소금, 샐러드유		

곁들이면 맛있어요!

갈은 무, 와사비 & 어린잎채소

갈은 무 200g(약 $\frac{1}{5}$개 분량)을 체에 받쳐 물기를 가볍게 뺀다. 갈은 와사비 1작은술과 섞어 어린잎채소 30g과 함께 로스트비프를 곁들인다.

1 앞의 쇠고기 다다키와 같은 방법으로 쇠고기를 굽는다. 단 〈방법1〉에서 소금 $\frac{1}{2}$작은술을 묻히고 〈방법3〉에서 뚜껑을 덮고 약불로 6~7분간 익힌다. 알루미늄호일로 감싸 30분 정도 서서히 식힌다.

2 식히는 동안 그레이비소스를 만든다. 프라이팬에 생긴 육즙에 A를 넣어 중불로 끓인다. 2분 정도 끓인 후 작은 그릇에 담는다. 쇠고기를 먹기 쉽게 잘라 그릇에 담고 그레이비소스를 곁들여 취향에 따라 뿌려먹는다.

가다랑어 다다키

1인분 168kcal · 염분 2.0g

쇠고기 다다키와 같은 방법으로 구운 후 쪄내지 않고 바로 식힌다.
등 부위를 사용하면 모양도 예쁘게 완성되고 잘 담을 수 있다.

재료(2~3인분)

가다랑어(회뜨기용 · 가능하다면 뼈있는 것)
　　　　　　　　　1토막(약 300g)
폰즈소스(앞 페이지, 혹은 시판품)
　　　　　　　　　6~7큰술

소금, 청주, 샐러드유

일식 약미

실파 5개와 양하 1개는 작게 둥글썰기 한다. 생강 $\frac{1}{2}$개는 껍질을 벗겨 다진다. 가다랑어와 함께 그릇에 담고 폰즈소스를 뿌린다.

1 가다랑어는 소금 $\frac{1}{4}$작은술과 청주 2큰술을 뿌려 5분간 재우고 빠져나온 즙을 잘 닦아낸다.

2 프라이팬에 샐러드유 1큰술을 중불로 충분히 달구고, 가다랑어를 넣어 센불에서 30초 정도 굽는다. 익어서 색이 변하면 다른 두 면도 30초씩 재빨리 구워 색을 입힌다.

3 알루미늄호일에 가다랑어를 올려 놓고 폰즈소스 $\frac{1}{3}$분량을 묻힌 후 감싸서 냉장고에 10분 정도 재운다. 즙을 닦아내고 8㎜ 폭으로 잘라 그릇에 담고 남은 폰즈소스를 뿌려 먹는다.

쇠고기 스테이크 토마토소스

부드러운 육즙이 흐르도록 구워낸 고기 위에
함께 구운 야채로 만든 간단한 소스를 끼얹어 먹는다.

1인분 391kcal · 염분 1.4g

34

재료 (2인분)		
쇠고기 넓적다리 (스테이크용)		
	2장(약 280g)	
마늘		1쪽
가지		2개
셀러리줄기		$\frac{1}{4}$개 분량
방울토마토		200g
올리브유		2큰술
화이트 와인		$\frac{1}{2}$컵
	월계수잎	1장
A	소금	$\frac{1}{3}$작은술
	후추	약간
셀러리 잎(없어도 무관)		적당히
소금, 후추		

1 재료를 밑손질한다

쇠고기의 양면에 5㎜ 간격으로 비스듬하게 칼집을 넣고 방망이나 빈병으로 가볍게 두드려 1.5배 넓이로 만든 후 양면에 소금과 후추 소량을 골고루 뿌려 밑간을 한다. 마늘은 옆으로 얇게 썰어 심을 제거한다. 가지는 꼭지를 떼고 세로로 4등분하여 자른 후 2㎝ 폭으로 썰고, 2분 정도 물에 담갔다가 물기를 잘 닦아낸다. 셀러리는 5㎜ 폭으로 썬다. 방울토마토는 꼭지를 떼고 세로로 4등분하여 썬다.

2 고기를 굽고 재료를 볶아서 익힌다

프라이팬에 올리브유와 마늘을 넣고 약불로 달군다. 마늘의 색이 노랗게 변하면 올리브유만 남기고 마늘을 덜어내고, 프라이팬에 쇠고기를 넣는다. 강한 중불에서 구운 쇠고기가 익어 색깔이 변하면 뒤집어서 가지와 셀러리를 넣고 함께 볶다가 고기가 취향에 맞게 익으면 꺼낸다. 가지가 익으면 방울토마토, 화이트 와인, A를 넣고 강한 중불로 2~3분 익히다가 마늘을 다시 넣고 불을 끈다.

고기의 안쪽이 맛있게 익으면 가지와 셀러리를 넣고 함께 구워 고기의 맛을 야채에 배게 한다.

3 담는다

스테이크와 곁들여 먹을 야채를 접시에 담은 후, 남은 소스를 끼얹는다. 색깔을 다채롭게 할 수 있는 셀러리 잎 등이 있으면 얹어서 장식한다.

고등어 소금구이

1인분 301kcal · 염분 2.4g

잘 달군 프라이팬에 베어 나온 기름을 닦으며 천천히 익힌다.
두툼한 몸통 부분은 프라이팬의 가장자리를 이용해 굽는 것이 요령.

생선을 고소하게 굽는다

재료(2인분)

고등어	반 마리(200~250g)
소금, 샐러드유	

껍질콩 & 갈은 무(소메오로시)

껍질콩 16개의 꼭지와 줄기를 제거한다. 프라이팬에 샐러드유 $\frac{1}{2}$큰술을 중불로 잘 달구고, 껍질콩의 색이 선명해질 때까지 볶다가 약간의 소금으로 간을 한다. 무 200g(약 $\frac{1}{6}$개 분량)은 강판에 갈아서 체에 받쳐 가볍게 물기를 뺀 후 레몬 2조각과 함께 곁들인다. 갈은 무에 생강을 약간 뿌린다.

1 고등어는 몸통을 반으로 나눠 껍질 쪽에 7~8㎜ 간격으로 칼집을 넣는다. 껍질을 밑으로 하여 배트에 나란히 넣고 소금 $\frac{1}{3}$작은술을 뿌린 후 뒤집어서 칼집에도 소금 $\frac{1}{3}$작은술을 뿌린다. 실온에 10~20분간 재웠다가 물기를 닦는다.

2 프라이팬에 샐러드유 2작은술~1큰술을 중불로 충분히 달구고, 고등어를 껍질 쪽부터 나란히 넣는다. 강한 중불로 5~6분간 굽는다.

두툼한 부분을 익히려면 프라이팬의 가장자리를 이용한다

3 도중에 프라이팬 가장자리를 이용해 고등어의 두툼한 부분을 잘 익힌다.

불필요한 기름은 잘 닦아내야 노릇노릇하고 고소하다

4 뒤집어서 같은 방법으로 3~4분간 굽는다. 프라이팬에 생긴 불필요한 기름을 키친타월로 닦아내고 바삭하게 완성한다.

꽁치 소금구이

1인분 304kcal · 염분 1.5g

고등어보다 지방이 많고 내장까지 통째로 굽는 꽁치 구이는
키친타월로 프라이팬을 닦아가며 깔끔하게 마무리한다.

재료 (2인분)	
꽁치	2마리(약 300g)
소금, 샐러드유	

유자 & 갈은 무

무즙 200g(약 $\frac{1}{6}$개 분량)은 체에 받쳐 물기를 가볍게 뺀다. 세로로 반으로 자른 유자 2조각과 함께 꽁치에 곁들여 낸다.

1 꽁치는 내장 부근에서 비스듬하게 반으로 잘라 양면에 소금 $\frac{1}{2}$작은술을 골고루 뿌리고 실온에 약 20분 정도 둔다. 표면의 물기를 닦아낸다.

2 프라이팬에 샐러드유 2작은술~1큰술을 중불로 충분히 달구고, 꽁치를 담을 때 위가 될 면부터 나란히 넣는다. 강한 중불로 4~5분간 굽는다.

제철 꽁치는 기름기가 많으므로 키친타월로 잘 닦아야 한다.

3 프라이팬 가장자리에 꽁치의 두툼한 부분을 잘 익히고 뒤집어서 같은 방법으로 3~4분간 굽는다. 프라이팬에 생긴 불필요한 기름은 키친타월로 닦는다.

연어 므니엘

1인분 272kcal · 염분 1.8g

시작은 샐러드유, 마무리는 버터로 이상적인 색과 향을 낸다.
맛이 우러난 즙을 살려 마지막에 부드럽게 익힌다.

생선을 부드럽게 굽는다

재료(2인분)	
생연어	2조각(약 250g)
화이트 와인(없으면 청주)	$1\frac{2}{3}$큰술
다진 파슬리	약간
소금, 흑통후추, 밀가루, 샐러드유, 버터	

곁들이면 맛있어요!

간단한 그린샐러드 & 레몬

샐러드용 시금치 20g은 뿌리를 자르고, 당근은 $\frac{1}{8}$개 분량의 껍질을 벗겨 채썬다. 얇게 반달썰기 한 레몬 4조각과 함께 연어에 곁들인다.

1 연어는 배트에 나란히 놓고 소금 $\frac{1}{2}$작은술, 흑통후추 약간, 화이트 와인 2작은술을 뿌려 실온에서 10분간 재운다.

2 연어의 즙을 잘 닦고 굽기 직전에 밀가루 약 1큰술을 가볍게 묻힌 뒤 불필요한 가루는 털어낸다.

> 연어는 먼저 샐러드유로 소테. 타지 않고 색이 깔끔해진다

3 프라이팬에 샐러드유 2작은술을 중불로 잘 달구고, 연어를 그릇에 담을 때 위가 될 면부터 나란히 넣는다. 중불로 3~4분간 굽다가 익어서 색이 변하면 뒤집어서 2~3분간 더 굽는다. 프라이팬에 생긴 불필요한 기름은 키친타월로 닦는다.

> 버터는 향기를 내는 데 이용. 뚜껑을 덮어 풍미가 달아나지 않게 한다

4 불을 끄고 버터, 화이트 와인 각 1큰술을 넣고 프라이팬을 기울이며 골고루 묻힌다. 뚜껑을 덮고 다시 중불로 달궈 1~2분간 익힌다. 파슬리를 뿌린 후 그릇에 담고 프라이팬에 남은 국물을 끼얹는다.

도미 소테

1인분 445kcal · 염분 1.6g

담백한 흰살생선에 화이트 와인을 넣고 익혀 부드럽고 고소하다.
봄부터 여름까지 신선한 토마토 소스가 제격.

재료(2인분)

도미	2토막(약 250g)
화이트 와인	3$\frac{2}{3}$큰술
올리브유	1큰술
소금, 후추, 밀가루	

프레시토마토 소스

토마토 1개(약 160g)는 꼭지를 떼고 옆으로 반씩 잘라 씨앗을 제거한 뒤 다진다. 볼에 다진 토마토 식초 1큰술, 올리브유 2큰술, 소금, 후추 약간씩과 다진 파슬리 1작은술을 넣고 섞는다. 소스를 도미에 얹고 취향에 따라 어린잎채소를 적당히 곁들인다.

1 도미는 소금 $\frac{1}{2}$작은술, 후추 약간, 화이트 와인 2작은술을 뿌리고 실온에서 10분간 재운다. 즙을 잘 닦고 굽기 직전, 밀가루 약 1큰술을 가볍게 묻히고 불필요한 가루는 털어낸다.

중 2 프라이팬에 올리브유를 중불로 잘 달구고, 도미를 담을 때 위가 될 면부터 나란히 넣는다. 중불로 3~4분간 굽다가 노릇해지면 뒤집어서 2~3분간 더 굽는다. 프라이팬에 생긴 기름은 키친타월로 닦아낸다.

중 3 불을 끄고 화이트 와인 3큰술을 넣은 후 뚜껑을 덮고 다시 중불로 1~2분간 찐다.

도미의 효능

도미는 고단백 저지방 식품으로 일본에서는 최고의 생선으로 꼽힌다. 비만과 콜레스테롤 예방뿐만 아니라 관절의 윤활작용, 골절치료, 눈의 투명도 유지, 노화억제 효능이 있어 환자나 임산부의 식이 요법에 좋은 것으로 알려져 있다. 껍질에도 비타인 B_2가 다량으로 함유되어 있으므로 껍질째 먹는 것이 좋다.

미트 오믈렛

1인분 510kcal · 염분 3.2g

매콤달콤하게 익힌 고기를 넣어 반찬이 되는 오믈렛.

달걀은 금방 익기 때문에 상태를 살펴가며 불에서 멀리하는 등의 요령이 포인트.

오믈렛은 아름답게 굽는다

재료 (2인분)	
달걀	6개
우유	2큰술
다진 돼지고기	80g
양파	$\frac{1}{4}$개
샐러드유, 설탕, 간장, 소금, 후추, 버터	

곁들이면 맛있어요!

꼬투리콩 & 방울토마토소테

꼬투리콩 10개는 꼭지를 뗀다. 방울토마토 10개는 꼭지를 떼고 반으로 자른다. 프라이팬에 샐러드유 $\frac{1}{2}$큰술을 중불로 달구고 꼬투리콩을 부드러워질 때까지 3~4분간 볶는다. 마지막으로 방울토마토를 넣고 재빨리 섞은 후 소금, 후추를 약간씩 넣고 간해서 오믈렛에 곁들인다.

1 양파는 잘게 다진다. 프라이팬에 샐러드유 1작은술을 잘 달구고 양파와 다진 고기를 저으며 볶는다. 고기가 익어 색이 반쯤 변하면 설탕, 간장 2작은술씩 넣고 즙이 날아가 알알이 흩어질 때까지 달달 볶는다. 그릇에 꺼내 열을 식힌다.

2 오믈렛은 1인분씩 만든다. 볼에 달걀 3개를 깨넣고 흰자의 덩어리가 살짝 남을 정도로 30회가량 저어서 풀어준다. 1의 $\frac{1}{2}$양에 각각 소금, 후추 약간, 우유 1큰술을 넣고 섞는다.

달걀을 흘려넣기 전에 프라이팬이 충분히 달궈졌는지 체크!

약

3 프라이팬에 버터 1큰술을 넣고 약불에 반쯤 녹인 상태에서 달걀 한 방울을 떨어뜨렸을 때 치직 소리가 날 정도로 달군다.

불이 너무 세지 않도록 주의! 일단 불을 끄고 하면 안정적으로 모양을 만들 수 있다

강중

4 센 중불에서 2를 한 번에 흘려넣는다. 가장자리가 응고되기 시작하면 젓가락으로 크게 14~15회 휘젓는다. 불을 끄고 프라이팬의 앞을 들고 기울여서 젓가락으로 달걀을 조금씩 프라이팬 안쪽으로 민다.

마무리가 중요. 꺼낼 때 모양이 흐트러지면 키친타월로 조심스럽게 정돈

5 다시 중불에 올려 프라이팬을 기울인 상태에서 익힌다. 이은 면이 단단해지면 뒤집개로 뒤집어 끝으로 이동시켜 1~2분간 익힌다. 키친타월을 편 도마에 올려 손으로 누르며 모양을 정돈한다. 나머지도 같은 방법으로 만든다.

낫토 오믈렛

1인분 373kcal · 염분 2.5g

낫토와 파를 넣은 일식 오믈렛.
버터 반 + 샐러드유 반으로 낫토의 풍미를 살린 일품요리.

재료(2인분)	
달걀	6개
낫토	30g
실파	5개
간장, 소금, 버터, 샐러드유	

푸른 차조기 & 무즙

푸른 차조기의 잎 4장은 심을 자르고 손으로 먹기 좋게 찢는다. 무즙 100g(약 $\frac{1}{12}$개 분량)은 체에 받쳐 가볍게 물기를 뺀다. 무즙과 차조기를 섞어 오믈렛에 곁들인다.

1 낫토에 간장 1큰술을 넣고 섞는다. 실파는 잘게 둥글썰기 한다.

2 오믈렛은 1인분씩 만든다. 볼에 달걀 3개를 깨넣고 흰자의 덩어리가 살짝 남을 정도로 30회 가량 저어서 풀어준다. 1의 $\frac{1}{2}$ 분량에 소금을 약간 넣고 섞는다.

3 프라이팬에 버터와 샐러드유를 $\frac{1}{2}$큰술씩 넣어 약불에 반쯤 녹이고, 달걀을 한 방울 떨어뜨려 치직 소리가 날 정도로 달군다.

4 44p 미트 오믈렛의 4~5번을 참조하여 1인분씩 오믈렛을 만든다.

오므라이스

1인분 592kcal · 염분 1.9g

따로따로 볶은 치킨라이스와 부드럽게 익힌 달걀은 궁합이 착착 맞는 음식이다.

재료(2인분)

치킨라이스	닭넓적다리	$\frac{1}{4}$장
	양파	$\frac{1}{4}$개
	양송이	4개
	따뜻한 밥	200g
달걀물	달걀	4개
	우유	4큰술
브로콜리		소 $\frac{1}{2}$통(약 100g)
그린 아스파라거스		4개
붉은 피망(파프리카)		$\frac{1}{2}$개
소금, 후추, 버터, 토마토케첩		

1 재료를 밑손질한다

닭고기는 1㎝ 크기로 깍둑썰기 하고 소금과 후추를 약간씩 넣어 밑간을 한다. 양파는 세로로 반 자른 후 얇게 편썬다. 양송이는 기둥을 떼고 얇게 편썬다. 브로콜리는 작게 나눈다. 아스파라거스는 뿌리의 단단한 부분을 자르고, 길이를 반으로 자른다. 붉은 피망은 세로로 반씩 자르고 꼭지와 씨앗을 제거한 후 5㎜ 크기로 깍둑썬다.

2 치킨라이스를 만든다

프라이팬에 버터 5g을 약불로 달군 후 닭고기, 양파, 양송이를 넣고 중불에서 볶는다. 고기가 익어서 색이 변하면 토마토케첩 3큰술을 넣고 국물이 졸아들 때까지 볶는다. 밥을 넣고 재빨리 달달 볶다가 케첩이 배어들면 꺼낸다.

프라이팬의 바닥 전체에 고르게 열이 순식간에 전달되므로 눌어붙기 쉬운 치킨라이스도 알알이 완성된다.

3 오므라이스를 완성한다

재료가 들어간 달걀물의 $\frac{1}{2}$분량과 소금, 후추를 약간씩 넣고 섞는다. 프라이팬을 재빨리 씻어 물기를 닦고 버터 10g을 넣어 센불로 달군다. 달걀물을 흘려 넣어 중불로 하고, 젓가락으로 천천히 크게 2~3회 저은 후 약불로 줄인다. 달걀의 테두리가 익으면 치킨라이스의 $\frac{1}{2}$분량을 얹는다. 프라이팬의 한쪽 면의 달걀을 뒤집개를 이용해 반으로 접어 치킨라이스를 감싼다. 뒤집개로 전체를 앞쪽으로 조금씩 움직이면서 끝으로 밀어 넣는다. 준비한 접시를 프라이팬과 접시의 테두리끼리 맞닿을 정도로 가져다댄다. 끝이 포개진 상태로 프라이팬을 접시로 덮듯이 상하를 뒤집어 오므라이스를 얹는다. 키친타월을 넓게 씌워 삐져나온 달걀을 눌러주며 양손으로 럭비공 모양이 되도록 정돈한다. 나머지도 같은 방법으로 만든다.

4 담는다

곁들여 먹을 음식을 만든다. 소금을 약간 넣은 끓는 물에 브로콜리, 아스파라거스, 피망을 선명하게 데쳐 채반에 담아 소금, 후추를 약간씩 뿌린다. 곁들여 낼 $\frac{1}{2}$분량을 각각의 오므라이스에 담는다.

달걀이 살짝 익으면 치킨라이스를 얹는다.
달걀이 너무 익지 않도록 재빨리 말아서 완성한다.

한식 고기감자조림   일식 금눈돔조림   톳조림

Part 2

프라이팬이니까 맛있다! 자신만만

조림 · 생선조림

어머니의 손맛을 대표하는 조림은

냄비에 자글자글 끓이는 이미지가 강하지만

사실 프라이팬이 자신만만한 분야 중 하나이다!

고기와 야채를 조합한 양이 많은 찜부터 건어물이나

야채를 이용한 생선조림, 야채조림까지 프라이팬이기에

성공할 수밖에 없는 조리법을 엄선했다.

조림과 생선찜의 달인이 되는 비결을 배워보자.

* IH조리기구를 사용할 경우에는 화력이 약하므로 약불 → 약한 중불로 상태를 살펴가며 불조절을 하세요.

프라이팬은 조림이 자신만만

바닥 면적이 넓고 달라붙지 않아서 고기나 야채를 볶은 후 조리는 것은 식은 죽 먹기.
양이 풍성해서 메인반찬으로도 적합하다.

육류를 먼저 익힌다!
육류를 먼저 익히면 맛이 응축되고 냄새를 없애는 동시에 감칠맛을 낸
다. 프라이팬이라면 고기를 바싹 볶아도 눌러붙지 않고 다진 고기를
달달 볶기도 편하다.

야채의 수분을 이용!
재료를 볶을 때 야채에서 나오는 수분을 이용해 뚜껑을 덮고 끓인다.
프라이팬은 밑바닥이 넓기 때문에 적은 국물로도 골고루 익어 맛이
깊게 밴다.

국물을 증발시켜 포실하게!
국물이 골고루 돌면서 잘 익는다. 감자 종류는 처음에 센불로 수분을
날리고 포실하게 마무리. 국물이 증발하기 쉽고 불소수지가공되어 있
어 태울 걱정도 없다.

한식 고기감자조림

1인분 231kcal · 염분 1.3g

참깨 향과 살짝 매운맛을 살린 한식 고기감자조림.
다진 고기는 알알이 흩어질 때까지 볶는 것이 맛의 비결.

재료(2~3인분)	
감자	3개(약 400g)
다진 돼지고기	100g
파	$\frac{1}{3}$개
고추장	1$\frac{1}{2}$~2작은술
닭 육수(분말형)	$\frac{1}{3}$작은술
흰참깨	1작은술
A 설탕	$\frac{1}{2}$큰술
A 청주, 간장	각 1큰술
참기름	

1 감자는 껍질을 벗기고 1개를 4등분하여 물에 5분 정도 담갔다가 물기를 뺀다. 파는 세로로 반으로 자른 후 어슷하게 얇게 썬다.

2 프라이팬에 참기름 1큰술을 두른 후 중불로 달구고 다진 고기를 달달 볶는다. 감자를 넣고 함께 볶다가 전체에 기름이 배면 물 1컵, 분말육수를 넣고 섞는다. 끓어오르면 약한 중불로 쓴맛을 제거한다. A를 순서대로 넣고 뚜껑을 덮어 8~10분간 끓인다.

3 뚜껑을 열어 감자를 젓가락으로 찔러서 잘 들어가면 고추장을 푼다. 국물이 거의 없어질 때까지 3~4분간 더 끓이다가 센불로 1분간 전체를 크게 저으며 조린다. 마지막으로 참깨와 파를 넣고 재빨리 섞는다.

양배추닭고기찜

고소하게 구운 양배추와 닭고기를 부드럽게 찐다.
맛있는 닭고기와 양배추의 자연스러운 단맛에 만족.

1인분 221kcal · 염분 1.1g

재료(2~3인분)

양배추	$\frac{1}{2}$개
닭넓적다리	1장(250~300g)
서양식 육수(치킨·분말형)	$\frac{1}{3}$작은술
소금, 흑통후추, 샐러드유, 청주	

1 닭고기는 불필요한 껍
질과 지방을 제거하
고 한입 크기로 큼직하게
잘라 소금 $\frac{1}{2}$작은술과 흑통
후추를 적당히 뿌리고 5분
정도 재운다. 양배추는 딱
딱한 심 부분을 도려내고
세로로 4등분하여 자른다.

2 프라이팬에 샐러
드유 $\frac{1}{2}$큰술을 둘
러 중불로 달구고 닭고
기는 껍질을 밑으로 하
여 나란히 넣는다. 익어
서 색이 돌면 뒤집어서
재빨리 구워 꺼낸다. 같
은 프라이팬에 양배추의 절단면을 아래쪽으

로 나란히 넣고 1~2분간 익힌다. 노릇하게
색이 변하면 뒤집어서 다른 면도 굽는다.

3 닭고기를 다시 넣고 물 $\frac{1}{2}$컵을 따라 부
은 후 분말육수와 청주 1큰술을 뿌린
다. 끓으면 뚜껑을 덮고 양배추가 푹 익을 때
까지 약불로 8분 정도 익힌다.

닭날개와 토란조림

맛이 우러나는 뼈를 사용하기 때문에 육수가 따로 필요 없다.
국물이 매끈해질 때까지 센불로 조리는 것이 포인트.

1인분 361kcal · 염분 1.6g

재료(2~3인분)

닭날개	10개
토란	중 9개(약 600g)
파드득나물	2~3잎
A	물	$\frac{2}{3}$컵
	설탕	$1\frac{1}{2}$큰술
	청주, 미림	각 1큰술
	간장	각 $1\frac{1}{2}$큰술
소금, 샐러드유	

1 토란은 씻어서 껍질을 벗기고 큰 것은 반으로 자른다. 볼에 넣고 소금 $\frac{1}{2}$큰술을 뿌려 반죽한 뒤, 물로 살짝 씻어 끈적임을 제거하고 물기를 닦는다. 파드득나물은 2~3㎝ 길이로 자른다.

2 프라이팬에 샐러드유 $\frac{1}{2}$큰술을 중불로 달구고 닭날개의 껍질을 아래 쪽으로 나란히 넣는다. 이어서 색이 변하면 뒤집어서 양면을 노릇하게 구워낸다. 토란을 넣고 볶다가 A를 순서대로 넣고 섞어서 센불로 익힌다. 끓으면 약한 중불로

쓴맛을 빼고 프라이팬의 면적에 맞춰 자른 오븐용 시트(혹은 알루미늄호일)로 뚜껑을 만들어 덮고 10~12분간 끓인다.

3 토란을 이쑤시개로 찔러보고 쉽게 들어가면 시트를 걷어내고 센불로 조린다. 프라이팬을 흔들며 국물이 졸아들 때까지 윤기 있게 묻힌다. 그릇에 담아 파드득나물을 장식한다.

쇠고기와 토마토 스튜

볶은 쇠고기에 토마토의 수분만으로 끓인 스튜는
자연스러운 단맛과 신선한 신맛이 깊게 응축되어 있다.

1인분 339kcal · 염분 1.1g

재료(2~3인분)

저민 쇠고기(혹은 덩어리 고기)	250g
토마토	3개(약 400g)
양파	$\frac{1}{2}$개
화이트 와인(또는 청주)	1큰술
다진 파슬리	약간
A 토마토케첩	1큰술
A 서양식 육수(분말형), 설탕	각 $\frac{1}{2}$작은술
A 소금	$\frac{1}{3}$작은술
A 후추	약간
샐러드유, 밀가루	

1 쇠고기는 먹기 좋게 썬다. 토마토는 끓는 물에 데쳐 큼직하게 한입 크기로 썬다. 양파는 세로로 얇게 썬다.

2 프라이팬에 샐러드유 $\frac{1}{2}$큰술을 중불로 달구고 양파를 볶는다. 양파가 투명해지면 쇠고기를 넣고 재빨리 섞은 뒤 밀가루 $1\frac{1}{2}$

큰술을 뿌려서 함께 볶는다. 가루가 전체에 배어들고 고기가 익어서 색이 변하면 토마토를 넣고 화이트 와인을 뿌린다. 뚜껑을 덮고 약불로 10분간 끓인다.

3 A를 순서대로 넣어 섞고 다시 뚜껑을 덮고 10분 정도 더 끓인다. 도중에 상태를 살피며 국물이 완전히 없어질 것 같으면 물 2큰술을 더 넣는다. 그릇에 담고 파슬리를 뿌린다.

돼지고기 연근조림

큼직하게 썬 연근을 우엉조림처럼 매콤달콤하게 조린다.
바삭하게 구운 돼지고기의 맛이 더해져 멈출 수 없는 손!

1인분 **301**kcal · 염분 **1.1**g

재료(2~3인분)

얇게 저민 돼지고기	150g
연근	1줄(약 150g)
껍질콩	5~6개
샐러드유, 청주, 설탕, 미림, 간장	

1 돼지고기는 3~4등분 길이로 자른다. 연근은 껍질을 벗겨 세로로 반 자른 후 큼직하고 먹기 좋게 썬다. 물에 5분 정도 담갔다가 물기를 잘 닦는다. 껍질콩은 꼭지와 줄기를 제거하고 어슷하게 채썬다.

2 프라이팬에 샐러드유 $\frac{1}{2}$큰술을 중불로 달구고 돼지고기를 뒤적이며 볶는다. 고기가 익어 색이 변하면 꺼낸다. 같은 프라이팬에 연근을 넣고 볶다가 익어서 표면의 색이 변하면 물 2큰술~$\frac{1}{4}$컵을 넣고 뚜껑을 덮

는다. 약한 중불로 1분 정도 익힌다.

3 뚜껑을 열고 돼지고기를 다시 넣은 뒤 청주 1큰술, 설탕 1작은술, 미림 1큰술, 간장 1큰술을 순서대로 넣고 센불로 익힌다. 껍질콩을 넣고 이따금 프라이팬을 흔들면서 국물이 완전히 졸아들 때까지 잘 볶으며 조린다.

프라이팬은 **생선조림**이 자신만만

바닥 면적이 넓고 얇은 프라이팬은
단시간에 맛을 배게 하는 생선조림에 최적.

국물이 팔팔 끓을 때 생선 투하!

생선조림은 냄새가 나지 않도록 국물이 팔팔 끓을 때 넣는 것이 철칙.
바닥의 면적이 넓은 프라이팬은 끓을 때까지의 시간이 짧아서 더 좋다!

끓일 때는 뚜껑을!

끓일 때는 생선 전체에 맛이 배도록 뚜껑을 덮는다. 형태가 부서지지
않도록 오븐용 시트나 알루미늄호일을 프라이팬의 크기에 맞춰 잘라
사용하면 좋다.

생선 표면에 국을 끼얹기!

맛이 고르게 돌도록 생선 표면에 2~3회 정도 국물을 끼얹는다. 프라
이팬은 단시간에 국물이 끓기 때문에 생선을 너무 끓이지 않아야 탱탱
하고 윤기가 난다.

일식 금눈돔조림

1인분 207kcal · 염분 2.1g

생선조림 중에서도 가장 인기 있는 금눈돔.
지방이 많은 살에는 약간 달달한 맛이 잘 어울린다. 소스에 윤기가 날 때까지 잘 조린다.

재료(2~3인분)

금눈돔 살코기		2토막(약 200g)
무순		1팩
A	물	$1\frac{1}{4}$컵
	청주, 미림	각 1큰술
	설탕	$\frac{1}{2}$큰술
	간장	$1\frac{1}{3}$큰술
	소금	약간

1 금눈돔은 맛이 배기 쉽도록 껍질 쪽에 칼집을 하나 넣는다. 채반에 금눈돔을 얹고 뜨거운 물을 끼얹어 냄새를 제거한다. 무순은 뿌리를 잘라낸다.

2 프라이팬에 A를 넣고 강한 중불로 달군다. A가 끓어오르면 금눈돔의 껍질 쪽

을 위로 해서 나란히 넣고 다시 끓어오르면 오븐용 시트(혹은 알루미늄호일) 뚜껑을 덮는다. 강한 중불로 국물이 걸쭉해질 때까지 5~6분간 끓인다. 이따금 뚜껑을 열고 숟가락으로 국물을 끼얹는다. 빈곳에 무순을 넣고 살짝 익힌다.

가자미조림

1인분 175kcal · 염분 2.7g

담백하면서도 개성 있는 맛의 가자미는 생강으로 향을 낸다.
알을 밴 가자미는 국물을 많이 넣고 천천히 조린다.

프라이팬은 생선조림이 자신만만

60

재료(2인분)

가자미		2토막(약 200g)
편썬 생강		4~5조각
파		1개
A	물	1컵
	설탕	1큰술
	청주	2큰술
	미림	$1\frac{1}{2}$큰술
	간장	2큰술

1 가자미는 맛이 잘 배도록 껍질 쪽에 칼집을 1~2개 넣는다. 채반에 올리고 뜨거운 물을 끼얹어 냄새를 제거한다. 파는 세로로 반으로 자른 후 어슷하게 얇게 썬다.

2 프라이팬에 A를 넣고 강한 중불로 끓인다. A가 끓어오르면 생강을 넣고 가자미는 껍질을 위쪽으로 해서 나란히 넣고 다시 끓으면 오븐용 시트(혹은 알루미늄호일)로 뚜껑을 만들어 덮는다. 강한 중불로 국물이 졸아들 때까지 7~8분간 끓인다. 이따금 뚜껑을 열고 숟가락으로 국물을 끼얹는다. 마지막으로 빈곳에 파를 넣고 재빨리 끓인다.

알을 밴 가자미의 경우

알 밴 가자미를 사용할 경우에는 국물의 양을 조금 많게 하고 좀 더 오래 끓인다. A 대신 물 $1\frac{1}{2}$컵, 설탕 $1\frac{1}{3}$큰술, 청주 2큰술, 미림 $2\frac{1}{2}$큰술, 간장 $2\frac{1}{2}$큰술을 넣고 국물이 걸쭉해질 때까지 10~12분 정도 끓인다.

정어리 우메보시조림

작지만 맛이 꽉찬 정어리는 한 마리를 통째로 조리면 먹음직스러운 반찬이 된다.
등푸른 생선 특유의 냄새를 우메보시로 누그러뜨린다.

1인분 234kcal · 염분 3.9g

재료 (2인분)		
정어리		대 2마리
우메보시		중 2개
A	물	1컵
	설탕	1큰술
	청주, 간장	각 2큰술
	미림	1큰술

1 정어리는 칼로 비늘을 벗겨내고 머리를 잘라낸다. 배를 비스듬하게 살짝 잘라 내장은 도려내고, 뱃속을 흐르는 물로 잘 씻어 물기를 닦는다.

2 프라이팬에 A를 넣고 중불로 달군다. 끓으면 정어리와 우메보시를 넣고 다시 끓어오르면 오븐용 시트(또는 알루미늄호일)로 뚜껑을 만들어 덮고, 중불로 4~5분간 끓인다. 국물이 골고루 배어들도록 정어리를 뒤집은 후 뚜껑을 다시 덮고 4~5분간 더 끓인다. 이따금 프라이팬을 기울여서 정어리에 국물을 묻힌다.

정어리의 효능

등푸른 생선인 정어리에는 DHA와 EPA라는 불포화지방산 함유량이 높아 콜레스테롤 수치를 낮추고, 뇌혈전이나 동맥경화에도 좋은 약이 된다. 또한 양질의 단백질도 많아서 신진대사를 활발하게 하고 뇌세포 운동에도 특효약으로 어린이나 자라나는 청소년뿐만 아니라 중·노년에게도 훌륭한 음식이다.

정어리에는 칼슘, 철분, 아연, 마그네슘과 미네랄 비타민D도 풍부한데 특히 말린 정어리는 칼슘 흡수를 돕는 비타민D와 필수영양소인 미네랄 함유량이 더 높다.

꽁치생강조림

1인분 361kcal · 염분 2.9g

통째로 썬 꽁치에 생강을 충분히 넣고 끓인다.
자꾸만 손이 가는, 제철 식탁을 장식하는 반찬이다.

재료 (2인분)		
꽁치		2마리
생강		대 1개
A	물	1컵
	설탕	1큰술
	청주, 간장	각 2큰술
	식초	1큰술
	미림	$\frac{1}{2}$큰술

1 꽁치는 머리와 꼬리를 잘라내고 한 마리를 3~4등분으로 통썰기 한 후 내장을 제거한다. 물로 씻어내고 물기를 닦는다. 생강은 껍질을 벗기고 채썬다.

2 프라이팬에 A를 넣고 중불로 달군다. A가 끓어오르면 꽁치가 겹치지 않도록 나란히 넣는다. 다시 끓어오르면 오븐용 시트(또는 알루미늄호일)로 뚜껑을 만들어 덮고 중불로 5~6분간 끓인다. 꽁치를 뒤집어서 뚜껑을 덮고 5~6분간 더 끓인다. 이따금 뚜껑을 열고 숟가락으로 국물을 끼얹는다.

고등어참깨된장조림

언제 먹어도 좋은 고등어된장에 참깨를 얹어 더욱 감칠맛 나게.
고등어의 단맛을 흡수한 참깨된장맛 야채도 맛있다.

1인분 387kcal · 염분 2.9g

재료(2인분)

고등어		반 마리
얇게 편썬 생강		4~5조각
우엉		$\frac{1}{2}$개(약 60g)
당근		$\frac{1}{3}$개
A	물	$1\frac{1}{2}$컵
	설탕	$1\frac{1}{2}$~2큰술
	청주, 미림	각 2큰술
	간장	2작은술
흰참깨		1큰술
식초, 된장		

1 고등어는 반으로 잘라 껍질 쪽에 비스듬하게 칼집을 한 개 넣는다. 채반에 올리고 뜨거운 물을 끼얹어 냄새를 제거한다. 우엉은 껍질을 벗기고 어슷하게 얇게 썰어 식초물에 5분간 담갔다가 빼서 물기를 턴다. 당근은 껍질을 벗기고 세로로 반 자른 후 어슷하게 얇게 썬다.

2 프라이팬에 A와 생강, 우엉, 마늘을 넣고 센불에 끓인다. 국물이 끓어오르면 고등어의 껍질을 위쪽으로 해서 넣고 다시 끓어오르면 센 중불로 쓴맛을 제거한다. 오븐용 시트(또는 알루미늄호일)로 뚜껑을 만들어 덮고 7분간 끓인다. 이따금 뚜껑을 열고 숟가락으로 국물을 끼얹는다. 그릇에 약간의 국물을 덜어 된장 $1\frac{1}{2}$큰술을 개어서 다시 프라이팬에 넣고 섞는다. 참깨를 뿌리고 뚜껑을 덮어 3~4분간 더 끓인다.

두부볶음

1인분 136kcal · 염분 1.0g

두부를 볶아 수분을 날리면 완성된 음식이 물컹하지 않다.
달걀을 넣으면 단맛이 살짝 나면서 더 부드러워진다.

재료(2인분)

재료	분량
두부	1모(300g)
달걀	1개
당근	$\frac{1}{4}$개
냉동 완두콩	30g
만가닥버섯	1팩(100g)
참기름, 청주, 설탕, 미림, 간장	

프라이팬은 **반찬**이 자신만만

양이 많으면서도 전체적으로 맛이 배야 하는 **반찬**은
바닥이 넓은 프라이팬을 사용하는 것이 정답!

1 두부는 손으로 큼직하게 한입 크기로 찢는다. 내열그릇에 키친타월을 깔고 넓게 펼친 두부 위에 다시 키친타월로 덮고 랩을 씌우지 않은 상태로 전자레인지에 약 2분간 가열한다. 당 근은 껍질을 벗기고 얇게 십자썰기 한다. 완두콩은 채반에 올려 뜨거운 물을 끼얹는다. 만가닥버 섯은 기둥을 떼어내고 먹기 쉬운 크기로 자른다. 달걀은 풀어서 섞는다.

2 프라이팬에 참기름 $\frac{1}{2}$큰술을 둘러 달군 후 두부를 더 잘게 으깨 넣고 뒤집개로 가볍게 저으며 지진다. 두부의 수분이 날아갈 때까지 2~3분간 볶다가 꺼낸다.

3 같은 프라이팬에 참기름 $\frac{1}{2}$큰술을 둘러 중불로 달군다. 당근과 버섯을 볶다가 나긋해지면 두부를 다시 넣고, 청주 1큰술, 설탕 2작은술, 미림 1큰술, 간장 $1\frac{1}{3}$큰술을 순서대로 넣고 함께 볶는다. 양념이 전체에 배면 완두콩을 넣고 재빨리 볶다가 달걀물을 중심부터 원을 그리듯 이 돌려 넣고 전체적으로 섞는다. 달걀이 반숙상태가 되면 불을 끈다.

※밀폐용기에 넣어 냉장고에서 1~2일 보관 가능.

톳조림

1인분 145kcal · 염분 1.9g

쇠고기가 들어가 양도 맛도 충분.
식감과 색감이 다른 재료를 넣어 맛과 영양의 균형을 확실하게 잡았다.

재료(3~4인분)		
톳(건조)		20g
저민 쇠고기		80g
곤약(쓴맛을 뺀 것)		$\frac{1}{3}$개
당근		$\frac{1}{2}$개
꼬투리콩		40g
육수		1컵
A	설탕, 미림	각 2큰술
	청주	1큰술
	간장	$2\frac{1}{2}$큰술
샐러드유		

※밀폐용기에 넣어 냉장고에서 2~3일 보관 가능.

1 톳은 잘 씻어 충분한 물에 20분간 담가 둔다. 물기를 털어낸 후 키친타월로 물기를 확실하게 제거하고 먹기 좋은 크기로 자른다.

2 쇠고기는 먹기 좋은 크기로 썬다. 곤약은 두께를 반으로 자른 후 얇게 편썬다. 당근은 껍질을 벗기고 3㎝ 길이로 채썬다. 꼬투리콩은 꼭지를 제거하고 어슷썬다.

3 프라이팬에 샐러드유 1큰술을 중불로 달구고 쇠고기를 볶는다. 고기가 익어 색이 변하면 곤약, 당근, 꼬투리콩을 넣고 볶다가 기름이 배면 톳을 넣고 함께 볶는다. 육수를 붓고 끓으면 A를 순서대로 넣어 섞는다. 프라이팬의 크기에 맞춰 자른 오븐용 시트

(또는 알루미늄호일)로 뚜껑을 덮고 국물이 거의 졸아들 때까지 중불로 10~12분간 끓인다.

콩비지어묵볶음

1인분 98kcal · 염분 2.0g

비지를 보송보송해질 때까지 볶으면 입안에 사르르 녹는다.
어묵과 표고버섯의 단맛을 이용해 마지막에 넣은 파와 생강의 향을 살린다.

재료(3~4인분)

재료		분량
콩비지		100g
당근		$\frac{1}{3}$개
생표고버섯		2개
파		1개
어묵		소 2개
생강		$\frac{1}{2}$개
육수		$1\frac{1}{2}$컵
A	설탕	2큰술
	청주, 미림	각 1큰술
	간장	$2\frac{1}{2}$큰술

1 당근은 껍질을 벗기고 채썬다. 표고버섯은 기둥을 떼고 얇게 저민다. 파는 작게 통썰기 한다. 어묵은 2~3㎜ 폭으로 통썬다. 생강은 껍질을 벗기고 채썬다.

※밀폐용기에 넣어 냉장고에서 1~2일 보관 가능.

2 프라이팬에 비지를 넣고 약한 중불에서 계속 지어가며 2~3분간 볶는다. 배트에 넓게 펼쳐 담아 열을 식힌다. 같은 프라

이팬에 육수와 마늘, 표고버섯, 어묵을 넣고 중불로 끓인다. 끓어오르면 당근이 부드러워질 때까지 중불로 2~3분간 자글자글 끓인다.

3 A를 섞어 넣고 끓어오르면 비지를 다시 넣고 저으며 끓인다. 전체에 배어들면 파와 생강을 넣고 재빨리 섞은 후 불을 끈다.

무말랭이조림

1인분 162kcal · 염분 1.1g

무말랭이가 국물을 흡수하므로 국물을 조금 남긴다.
밥과 함께 먹는 반찬인 만큼 조금 싱겁게 간한다.

※밀폐용기에 넣어 냉장고에서 2~3일 보관 가능.

재료(3~4인분)		
말린 무		30g
저민 돼지고기		100g
유부		1장
당근		$\frac{1}{3}$개
육수		$1\frac{1}{2}$컵
A	설탕, 청주, 미림 각 1큰술	
	간장	$1\frac{1}{2}$큰술
샐러드유		

1 말린 무는 잘 씻어서 따뜻한 물에 20분 정도 담갔다가 꺼낸다. 흐르는 물에 씻어 물기를 제거하고 먹기 좋은 크기로 썬다. 돼지고기는 먹기 좋은 크기로 썬다. 당근은 껍질을 벗기고 폭 1㎝, 두께 2~3㎜로 짧게 편썬다. 유부는 채반에 올려 뜨거운 물을 끼얹고 세로로 반씩 자른 후 채썬다.

2 프라이팬에 샐러드유 1큰술을 둘러 중불에 달구고 돼지고기를 볶는다. 돼지고기가 익어서 색이 변하면 말린 무와 당근을 넣어 재빨리 볶다가 육수를 따라 붓는다. 끓어오르면 A를 순서대로 넣고 유부를 넣어 재빨리 섞는다. 중불에서 국물이 조금 남을 때까지 이따금 저어가며 약 10분간 끓인다.

가지조림

1인분 48kcal · 염분 1.3g

가지를 통째로 소박하고 간단하게 익혔다.
표면에 가늘게 칼집을 넣으면 맛이 잘 배어들고 화려하게 보인다.

재료(3~4인분)		
가지		4개
다시마(10×10cm)		1장
육수		2컵
양하		1개
A	설탕, 미림	각 1큰술
	간장	$1\frac{1}{3}$큰술
	소금	약간

※밀폐용기에 넣어 냉장고에서 2~3일 보관 가능.

1 다시마는 부엌 가위로 1.5cm 크기로 사각 썬다. 가지는 꼭지를 떼고 세로로 반씩 썰고 비스듬하게 2~3mm 간격으로 칼집을 넣는다. 자른 후 사용 직전까지 물에 담가둔다. 양하는 세로로 반 잘라 심을 도려내고 살짝 어슷썬다.

2 프라이팬에 육수와 다시마를 넣고 가지의 단면을 밑으로 해서 나란히 넣어 센불에 끓인다. 끓어오르면 약한 중불로 줄이고 A를 넣은 뒤 프라이팬의 크기에 맞게 자른 오븐용 시트(또는 알루미늄호일)로 뚜껑을 덮어 15~20분간 끓인다. 국물과 함께 그릇에 담고 양하를 얹는다.

베이컨 빅가스   연어 토마토마리네   스틱 춘권

Part 3

2cm의 기름으로 OK

튀김 & 프라이

튀김용 기름의 높이가 겨우 2㎝!

번거롭게 생각하기 쉬운 튀김이지만

프라이팬이라면 적은 기름으로도 손쉽게 만들 수 있다.

큰 재료를 넣거나 한 번에 많이 만드는 등의 요령,

맛과 모양의 재미&새로운 아이디어에도 주목.

갓 튀겨낸 튀김을 한입 베어 물면 미소가 퍼질 것이다!

프라이팬은 **튀김**이 자신만만

얇고 넓게, 점보 튀김
얇게 펴서 넓게 만들면 적은 기름으로도 탈 걱정이 없는데다 볼륨감도 풍성하게 완성된다. 단시간에 고르게 불길이 전달되기 때문에 실패하지 않고 노릇하게 구워진다.

가득 넣어 바삭한 튀김
프라이팬 가득 튀기면 전체적으로 고르게 기름이 도는 것이 포인트. 또 한 번에 많이 넣으면 기름의 온도가 적당히 내려갔다가 서서히 오르기 때문에 겉은 바삭, 속은 부드럽게 완성.

한꺼번에 튀겨내는 한입 튀김
바닥이 넓기 때문에 크기가 작은 반죽을 많이 튀길 수 있어 OK. 기름이 적으니 반죽끼리 움직여서 달라붙거나 모양이 망가질 걱정이 없다. 기름이 튀지 않아 손으로 살짝살짝 넣을 수 있다.

긴 모양 그대로 넣어 스틱 튀김
가늘고 긴 모양의 재료가 편하게 들어가는 것도 프라이팬만의 장점. 아스파라거스 등 재료의 길이를 그대로 살리거나 손으로 잡을 수 있게 꼬치에 꽂기만 해도 간단한 손님접대에 그만인 즐거운 일품요리를 만들 수 있다.

베이컨 빅까스

돼지고기 사이에 베이컨을 끼워 풍미가 풍부한 돈까스.
얇고 큼직하게 튀겨 속까지 제대로 익고 바삭한 식감이 살아 있다.

재료(2인분)

로스용 저민 돼지고기		8장(약 200g)
베이컨		2장
A	달걀물	$\frac{1}{2}$개 분량
	샐러드유	$\frac{1}{2}$큰술
	소금	한 줌
	후추	약간
밀가루, 빵가루, 튀김용 기름		

얇고 넓게,
점보 튀김

1 베이컨은 길이를 반으로 자른다. 돼지고기 1장을 넓게 펼쳐 베이컨 1장을 얹고 돼지고기 1장을 그 위에 겹친다. 나머지도 같은 방법으로 한다.

2 A를 섞는다. 1에 밀가루를 얇게 뿌리고 A, 빵가루 순서대로 옷을 입힌다.

3 프라이팬에 튀김용 기름을 2㎝ 정도 넣어 중온으로 가열하고 2를 넣는다. 뒤집어서 3분 정도 바삭하게 튀겨 기름을 뺀다.

돼지고기 튀김

1인분 551kcal · 염분 1.1g

맥주를 넣은 튀김옷을 입히면 크게 부풀어서 볼륨감 만점!
바삭하면서도 육즙이 흐르는 독특한 식감을 즐길 수 있다.

재료(2인분)		
돼지고기		200g
A	맥주	150㎖
	밀가루	90g
	빵가루	30g
	소금	두 줌
	후추	약간
이탈리안 파슬리(없어도 무관)		적당히
튀김용 기름		

1 볼에 A를 넣고 거품기로 부드럽게 섞는다.

2 프라이팬에 튀김용 기름을 2㎝ 높이로 넣어 중온에서 가열하고 돼지고기를 1장씩 펼쳐서 A에 담았다가 넣는다. 도중에 뒤집어서 3분 정도 바삭하게 튀긴 뒤 기름을 뺀다. 그릇에 담고 이탈리안 파슬리로 장식한다.

한입 고등어 튀김

1인분 279kcal · 염분 1.2g

간장 냄새가 향기롭게 퍼져가는 튀김은 모두가 좋아하는 인기메뉴.
밑간을 할 때 수분을 적게 하는 것이 바삭한 튀김의 비결!

재료(2인분)

고등어	반 마리
생강즙	1작은술
간장, 녹말가루, 튀김용 기름	

**가득 넣어 바삭한
튀김**

1 고등어는 폭
3~4㎝ 정도로
잘게 썬다. 볼에 고
등어, 생강즙과 간
장 2작은술을 넣어
섞은 후 10분간 재
운다.

2 프라이팬에 튀김용 기름을 2㎝ 높이로
넣고 중온으로 가열한다. 고등어의 물
기를 털고 녹말가루를 가볍게 묻혀 모두 다
넣는다. 도중에 뒤집어서 2~3분간 바삭하게
튀겨 기름을 뺀다.

연어 토마토마리네

1인분 328kcal · 염분 2.5g

튀겨낸 후 식기 전에 절이는 것이 포인트.
새콤한 토마토에 적당히 기름이 들어가 맛이 잘 밴다.

78

재료(2인분)		
생연어		2조각
토마토		1개
양파		$\frac{1}{2}$개
당근		$\frac{1}{3}$개
A	토마토케첩	2큰술
	식초	1큰술
	소금	$\frac{1}{2}$작은술
	후추	약간
소금, 후추, 밀가루, 튀김용 기름		

1 연어는 뼈가 있으면 제거하고 큼직하게 한입 크기로 썬다. 소금 $\frac{1}{3}$작은술, 후추 약간을 뿌려 5분간 재운다. 양파는 세로로 폭 1㎝ 폭으로 썬다. 당근은 껍질을 벗기고 2~3㎜ 두께로 둥 글썰기 한다. 토마토는 꼭지를 떼고 썩둑 썬다. 커다란 볼에 토마토와 A를 넣고 함께 섞는다.

2 프라이팬에 튀김용 기름을 2㎝ 높이로 넣어 저온으로 가열하고 양파, 당근을 넣고 1분 정도 튀긴다. 기름을 털어내고 1의 볼에 담는다.

3 기름의 온도를 중온으로 올리고 물기를 닦은 연어에 밀가루 를 얇게 묻혀 전부 다 넣는다. 이따금 뒤집어가며 2분 정도 바삭하게 튀겨서 기름을 털어내고 2의 볼에 넣는다. 살짝 섞은 후 그대로 식힌다.

누드치킨 튀김

1인분 236kcal · 염분 2.0g

두툼한 닭고기도 뚜껑을 덮고 튀겨내면 안까지 푹 익는다.
천천히 익히기 때문에 바삭하지 않고 부드럽게 완성된다.

재료(2인분)

닭가슴살(껍질 없는 것)	
	대 1장(약 250g)
꽈리고추	6개
씨겨자	적당히

소금, 후추, 밀가루, 흑통후추,
토마토케첩, 튀김용 기름

1 닭고기는 4등분하여 얇게 잘라 소금 ½
작은술, 후추 약간을 뿌리고 5분간 재
운다. 꽈리고추는 꼭지 끝을 자르고 이쑤시
개로 찔러 구멍을 몇 개 낸다.

2 프라이팬에 튀김용 기름을 2㎝ 높이로
넣어 저온으로 가열하고 꽈리고추를 넣
어 50초 정도 색이 예쁘게 튀겨낸다.

3 계속해서 닭고기의 물기를 닦고 밀가루
를 가볍게 묻혀 전량 튀김기름에 넣고 뚜
껑을 덮는다. 뚜껑 안에 물방울이 생기면 기름
에 떨어지지 않도록 뚜껑을 닦아주고 이따금
닭고기를 뒤집어서
3~4분간 튀긴다.
기름기를 빼고 그릇
에 담아 꽈리고추,
씨겨자와 흑통후추,
토마토케첩을 적당
히 곁들인다.

닭고기와 두부 튀김

1인분 348kcal · 염분 1.4g

부드러운 두부에 풋콩을 가미해 색감과 맛을 한 단계 업그레이드.
한입에 쏘옥! 먹기 쉽고 재밌어 손이 멈추지 않는다.

재료 (2인분)

다진 닭고기	180g
연두부	$\frac{1}{4}$모(약 80g)
풋콩(데친 것 또는 깐 콩)	$\frac{1}{3}$컵(약 45g)
레몬	3조각
녹말가루, 소금, 후추, 토마토케첩, 튀김용 기름	

한꺼번에 튀겨내는
한입 튀김

1 비닐봉지에 다진 고기와 두부, 녹말가루 1 작은술, 소금 $\frac{1}{4}$작은술, 후추를 약간 넣고 입구를 봉한 후 잘 섞어 반죽한다. 풋콩을 넣고 다시 섞는다.

2 프라이팬에 튀김용 기름을 2㎝ 높이로 넣어 중온으로 가열한다. 1의 비닐봉지 아랫부분을 잘라 직경 2㎝ 정도의 구멍을 낸다. 반죽을 쥐어짜내 직경 3㎝ 정도로 둥글게 만들어 프라이팬에 넣는다. 이따금 굴리면서 3분가량 노릇노릇 색이 예쁘게 배도록 튀겨낸 후 기름기를 뺀다. 그릇에 담아 레몬과 토마토케첩을 적당히 곁들인다.

이색야채튀김

1인분 134kcal · 염분 0.9g

튀김옷은 밀가루와 물뿐! 달라붙기 쉬운 튀김이 놀랍도록 바삭한 튀김이 된다.
간단하게 소금이나 간장으로 야채의 단맛을 즐기세요!

재료(2인분)

당근	$\frac{1}{2}$개
꼬투리콩	100g
밀가루, 소금, 간장, 튀김용 기름	

1 당근은 껍질을 벗기고 3mm 굵기로 두껍게 채썬다. 꼬투리콩은 껍질을 벗기고 길이를 반으로 썬다. 볼에 당근을 넣고 물 1작은술과 밀가루 2작은술을 넣어

섞는다. 다른 볼에 꼬투리콩을 넣고 역시 물 1작은술과 밀가루 2작은술을 섞는다.

2 프라이팬에 튀김용 기름을 2㎝ 높이로 넣어 중온으로 가열한다. 당근, 꼬투리콩을 각각 3~4조각씩 손으로 뭉쳐 나란히 넣는다. 이따금 뒤집어가며 3~4분간 튀겨낸 후 기름기를 빼고 그릇에 담는다. 소금과 간장은 적당히 곁들인다.

양배추돈까스

1인분 557kcal · 염분 1.6g

사각거리는 튀김옷을 베어 물면 촉촉한 육즙과 보들보들한 양배추의 식감이 작열하는
삼중튀김. 한입에 다양한 맛을 느낄 수 있는 아이디어 돈까스.

재료(2인분)

로스용 저민 돼지고기		8장(약 200g)
양배추		2장
A	달걀물	$\frac{1}{2}$개
	샐러드유	$\frac{1}{2}$큰술
	소금	한 줌
	후추	약간
밀가루, 빵가루, 돈까스소스		
튀김용 기름		

1 양배추는 채 썬다. 돼지고기 1장을 세로로 길게 펼치고 양배추의 $\frac{1}{8}$분량을 고기의 앞쪽에 얹어 김밥을 말듯이 한다. 나머지도 같은 방법으로 말면 된다.

2 A를 섞는다. 1에 밀가루를 얇게 묻히고 A, 빵가루 순으로 튀김옷을 입힌다.

3 프라이팬에 튀김용 기름을 2㎝ 높이로 넣어 중온으로 가열하고 2를 넣어 이따금 뒤적이며 3분 정도 바삭하게 튀겨내고 기름기를 뺀다. 취향에 따라 반으로 잘라 그릇에 담고 돈까스소스를 적당히 곁들여 낸다.

스틱춘권

재미있게 생긴 기~이다란 춘권은 손에 들고 먹을 수 있는 간편함 덕분에
파티 등에도 안성맞춤. 양 옆을 막지 않고 둥글둥글 말기만 하면 OK.

돈카레 1인분 181kcal · 염분 0.7g

재료(2인분)

다진 돼지고기	80g
라이스페이퍼	2장
카레가루	$\frac{1}{4}$작은술
소금, 튀김용 기름	

1 라이스페이퍼는 세로로 3등분 하여 자른다. 볼에 다진 돼지고기, 카레가루와 소금 한 줌을 넣고 잘 섞어 반죽을 만든다. 라이스페이퍼 1 장을 옆으로 길게 깔고 반죽의 $\frac{1}{6}$분 량을 가늘게 얹는다. 둘둘 말아 라이스페이퍼의 끝에 물을 묻혀 정리한다. 나머지도 같은 방법으로 한다.

2 프라이팬에 튀김용 기름을 2㎝ 높이까지 넣어 중온으로 가열하고 1의 춘권의 끝부분을 아래쪽으로 넣는다. 이따금 뒤집어서 3~4분간 튀겨낸 후 기름을 털고 그릇에 담는다.

새우셀러리 1인분 147kcal · 염분 0.9g

재료(2인분)

새우(껍질 있는 것)	6마리
셀러리 줄기	$\frac{1}{4}$개
라이스페이퍼	2장
녹말가루, 소금, 후추, 튀김용 기름	

셀러리는 잘 다진다. 새우는 껍질을 벗기고 등의 내장을 제거한 후 칼로 살짝 두드린다. 볼에 새우, 셀러리, 녹말가루 1작은술, 소금과 후추 약간씩을 넣고 잘 섞어 반죽을 만든다. 돈카레와 같은 방법으로 자른 라이스페이퍼로 반죽을 말아서 튀겨낸다.

긴 모양 그대로 넣어
스틱 튀김

프라이드 아스파라거스 & 에그

향이 좋은 아스파라거스와 먹음직스러운 참마를 그대로 튀겨 맛을 응축.
반숙 달걀을 살짝 터뜨려 드세요.

1인분 290kcal · 염분 1.2g

재료(2인분)

그린아스파라거스	6개
참마(20㎝ 길이의 참마를 반으로 자른 것)	$\frac{1}{2}$개
달걀	2개
소금, 튀김용 기름	

1 아스파라거스는 뿌리를 자르고 아래쪽 $\frac{1}{4}$의 껍질을 벗긴다. 참마는 껍질을 벗겨 1.5㎝ 두께의 막대 모양으로 썬다. 달걀은 작은 그릇에 1개씩 깨뜨려 넣는다.

2 프라이팬에 튀김용 기름을 2㎝ 높이로 넣어 중온으로 가열하고 아스파라거스는 물기를 잘 닦고 넣는다. 젓가락으로 굴리며 1분 정도 튀겨내어 기름기를 털고 소금을 뿌린다.

3 튀김기름의 온도를 높은 중온으로 해서 달걀을 살짝 넣는다. 이따금 젓가락으로 뒤집어 흰자로 노른자를 감싸는 모양을 만들면서 1~2분간 튀겨낸다. 기름을 털어내

고 소금 약간을 뿌린다. 계속해서 참마를 넣고 젓가락으로 굴리며 1~2분간 연하게 색이 밸 때까지 튀겨낸 후 기름기를 털어

내고 소금을 약간 뿌린다. 그릇에 아스파라거스와 참마를 담은 위에 달걀을 올린다. 달걀을 터뜨려가며 먹는다.

관자와 야채튀김꼬치

달걀을 묻혀 튀기는, 튀김옷이 필요 없는 색다른 꼬치튀김.
재료의 본래 맛에 부드러운 감칠맛과 풍미가 더해져 자꾸만 손이 간다.

1인분 347kcal · 염분 1.4g

재료(2인분)

가리비관자(회 전용)	6개
새송이버섯	대 1개
붉은 피망(파프리카) (세로로 반으로 썬 것)	$\frac{1}{2}$개
달걀	1개
소금, 후추, 튀김용 기름	

1 새송이버섯은 옆으로 1.5㎝ 폭으로, 붉은 피망은 꼭지와 씨앗을 제거하고 세로로 1.5㎝ 폭으로 자르고, 각각 6개씩 준비한다. 대나무꼬치에 관자, 붉은 피망, 새송이버섯을 순서대로 끼운다. 배트에 달걀을 풀어 소금 한 줌, 후추 약간을 뿌려 섞는다.

2 프라이팬에 튀김용 기름을 2㎝ 높이로 넣어 중온으로 가열하고 관자와 야채를

꽂은 꼬치에 달걀물을 묻혀서 넣는다. 도중에 뒤집어서 2분 정도 튀겨낸 후 기름기를 턴다. 그릇에 담아 소금을 적당히 곁들여 낸다.

미트볼 빠에야   소스 볶음밥   볶음타코라이스

푸짐하고 고소하다! 프라이팬으로 만드는

영양만점 밥

한그릇으로 완성! 재료가 잔뜩 들어간 일품요리는
간단하고 화려해 모임 때도 활약할 수 있는 메뉴이다.
빠에야나 볶음밥, 리조또 등의 인기조리법을 프라이팬 하나로 맛있게 만들 수 있는 방법을 실었다.
향을 살리거나 부드럽게 익히는 등 프라이팬의 장점을 살린 놀라운 아이디어가 잔뜩!
매일 먹는 밥뿐만 아니라 파티에도 활용 가능!

* IH조리기구를 사용할 경우에는 화력이 약하므로 약불 → 약한 중불로 상태를 살펴가며 불조절을 하세요.

미트볼 빠에야

1인분 536kcal · 염분 1.9g

동글동글 미트볼 & 토마토 & 양송이로 화려하게.
밥알 한 알에도 다진 고기의 맛이 배어든다.

90

* 빠에야 : 콩나물 밥처럼 처음부터 고기나 야채를 넣고 지은 밥

재료(4인분)

재료	분량
쌀	2컵(400㎖)
다진 고기(쇠고기 + 돼지고기)	250g
양파	$\frac{1}{2}$개
방울토마토	12~15개
양송이 버섯	1팩(7~8개)
마늘	1쪽
달걀물	$\frac{1}{2}$개 분량
넛맥	약간
서양식 육수(분말형)	$\frac{1}{2}$큰술
올리브유	$2\frac{1}{3}$큰술
파프리카(분말)	약간
다진 파슬리, 레몬조각	각각 적당히
소금, 후추, 빵가루, 취향에 따라 흑통후추	

밑손질

1 양파는 잘게 다져 내열 볼에 넣고 랩을 씌워 전자레인지에 2분 30초 가열한 후 꺼내어 랩을 벗기고 섞으면서 식힌다.

2 마늘은 세로로 반씩 잘라 심을 도려내고 뒤집개로 짓이긴다.

3 양송이 버섯은 기둥을 떼고 반으로 자른다.

4 방울토마토는 꼭지를 뗀다.

1 큰 볼에 다진 고기와 넛맥, 소금 $\frac{1}{3}$작은술, 후추 약간, 달걀물, 빵가루 4큰술, 양파 $\frac{1}{3}$분량을 넣고 점성이 생길 때까지 치댄다. 16등분해서 둥글게 반죽한다. 뜨거운 물 $2\frac{1}{2}$컵에 분말육수, 소금 $\frac{3}{8}$작은술을 넣고 섞어 수프를 만든다.

2 프라이팬에 올리브유 1작은술을 중불로 달구고, 1의 미트볼을 나란히 넣는다. 미트볼을 굴려가며 전체가 노릇하게 익으면 꺼내서 접시에 담는다. 이렇게 하면 모양도 예쁘게 완성되고 맛도 잘 밴다.

3 같은 프라이팬에 올리브유 2큰술에 마늘을 넣어 중불로 달군다. 향이 나면 남은 양파와 미리 씻어 물기를 제거한 쌀을 넣고 전체적으로 기름이 밸 때까지 함께 볶는다. 파프리카를 넣고 섞는다.

4 1의 수프를 따라서 끓으면 미트볼과 양송이 버섯, 방울토마토를 보기 좋게 넣는다. 다시 끓으면 뚜껑을 덮고 약불로 15분 정도 익힌다. 불을 끄고 그대로 8분 정도 졸인다.

5 뚜껑을 열고 프라이팬을 흔들며 강한 중불에 1~2분간 가열하여 색을 입힌다. 파슬리를 뿌리고 취향에 따라 소량의 흑통후추를 뿌린다. 잘 섞어 그릇에 담고 레몬을 짜서 먹는다.

돼지고기와 콩 빠에야

바삭하게 익힌 돼지고기와 알알이 씹히는 콩의 식감을 즐길 수 있는 일품요리.
다진 토마토의 신맛이 맛을 살리는 역할을 한다.

1인분 649kcal · 염분 1.8g

재료(4인분)

재료	분량
쌀	2컵(400㎖)
돼지고기	300~350g
데친 병아리콩(또는 드라이팩)	120g
토마토	1개(약 150g)
양파	$\frac{1}{3}$개
마늘	1쪽
올리브유	적당히
서양식 육수(분말형)	1$\frac{1}{2}$작은술
루꼴라(없어도 무관)	약간
취향에 따라 드라이허브 (오레가노 등)	약간
소금, 취향에 따라 흑통후추	

밑손질

1. 돼지고기는 1㎝ 폭으로 썰어 소금 $\frac{2}{3}$작은술을 뿌린 후 15분간 재운다.
2. 병아리콩은 캔의 국물이 있으면 따라낸다.
3. 토마토는 꼭지를 떼고 1㎝ 크기로 깍둑썬다.
4. 양파는 잘게 다진다.
5. 마늘은 세로로 반 잘라 심을 도려내고 뒤집개로 때려서 짓이긴다.

1 프라이팬에 올리브유 약간을 중불로 달구고 돼지고기가 포개지지 않도록 잘 넣는다. 강한 중불로 익혀 고기의 색이 변하면 뒤집어서 양면을 노릇하게 구워 꺼낸다. 이따금 키친타월로 프라이팬에 생긴 여분의 기름을 닦는다. 뜨거운 물 480㎖에 분말육수, 소금 $\frac{1}{3}$작은술을 섞어 수프를 만든다.

돼지고기는 기름이 많으므로 요리 시 프라이팬의 불필요한 기름을 닦아내면 산뜻하게 완성된다.

2 같은 프라이팬에 올리브유 1큰술과 마늘을 넣어 중불로 익힌다. 향이 나면 양파를 넣고 투명해질 때까지 2분 정도 볶다가 미리 씻어 물기를 제거한 쌀을 넣어 기름이 밸 때까지 함께 볶는다. 토마토를 넣고 전체가 불그스름해질 때까지 볶으며 익힌다.

3 1의 수프를 따라 붓고, 끓으면 돼지고기와 병아리콩을 넓게 펼쳐 얹는다. 다시 끓어오르면 쓴맛을 제거하고 약불에서 뚜껑을 덮어 15분간 익힌다. 불을 끄고 그대로 8분 정도 두고 뜸들인다.

4 뚜껑을 열고 강한 중불에서 프라이팬을 흔들며 1~2분간 가열하며 색이 잘 배게 한다. 잘 섞어서 그릇에 담고 루꼴라를 얹은 뒤, 취향에 따라 드라이허브와 후춧가루를 약간 뿌린다.

죽순도미밥

1인분 404kcal · 염분 2.1g

죽순과 도미를 방사선 모양으로 겹치지 않게 해 일식 빠에야처럼 화려하게 연출.
제철이 되면 새 죽순을 넣은 죽순도미밥으로 봄향기를 즐기세요.

재료(4인분)		
쌀		2컵(400㎖)
도미		2토막(약 200g)
삶은 죽순		1개(약 200g)
산초나무순		1팩(10~12장)
A	육수	450㎖
	청주	2큰술
	맑은 간장	1큰술
	소금	$\frac{2}{3}$작은술
소금, 청주		

밑손질

1 쌀은 30분 전에 씻어서 체에 담아 물기를 뺀다.

2 도미는 뼈를 제거하고 한 토막을 5등분으로 얇게 회를 떠서 소금 $\frac{1}{3}$작은술, 청주 1큰술을 넣는다.

3 죽순은 길이를 반으로 자르고 뿌리는 세로로 4등분하여 자른 후 두께 5㎜의 십자썰기로, 이삭 끝은 방사선 모양으로 8조각으로 자른다.

4 A를 함께 섞는다.

1 프라이팬에 쌀을 넓게 펼치고 죽순 이삭과 도미를 방사선 모양으로 나란히 넣는다. 중앙에 남은 도미와 죽순을 얹고 A를 뿌린다.

2 뚜껑을 덮고 센불에서 끓이다가 약불로 줄여 15분간 끓인다. 불을 끄고 그대로 8분 정도 뜸들이다가 산초나무순을 뿌린다.

죽순의 효능

단백질이나 지방분, 비타민C와 생장소인 호르몬, 아미노산이 들어 있어 영향학적으로 좋은 죽순은 저칼로리 식품이면서도 칼륨이 풍부해 다이어트나 고혈압 환자들의 식이요법에 좋다. 또한 양질의 섬유질이 많아 변비예방에 효과가 있으며, 칼슘과 신경에 관여하는 비타민B1 성분의 약리작용 때문에 스트레스 해소와 신경안정에도 도움이 되어 불면증 환자에게도 좋은 식품이다.

돼지고기김치볶음밥

돼지고기와 콩나물만 넣고 간단히 볶은 후 김치를 섞는다.
간단하지만 향이나 감칠맛은 돌솥비빔밥을 능가한다.

1인분 463kcal · 염분 2.4g

96

재료(4인분)

쌀	2컵(400㎖)
저민 돼지고기	120g
콩나물	1봉(약 200g)
배추김치	150g
고추장	$\frac{1}{2}$~1큰술
닭 육수(분말형)	1작은술
참기름, 청주, 간장, 소금	

밑손질

1 쌀은 30분 전에 씻어서 체에 담아 물기를 뺀다.

2 돼지고기는 길이를 반으로 자른다.

3 김치는 먹기 쉽게 자르고 가볍게 국물을 짜낸다.

4 콩나물은 씻어서 물기를 털고 참기름 약간을 묻힌다.

1 뜨거운 물 450㎖와 분말육수, 청주 2큰술, 간장 1큰술, 소금 $\frac{1}{3}$작은술을 넣고 섞어서 기본양념을 만든다. 프라이팬에 돼지고기를 겹치지 않게 넓게 펼쳐 넣는다. 센불로 볶다가 고기의 색이 변하기 시작하면 쌀을 넣고 고기 위에 펼친다. 기본양념을 붓고 콩나물을 넣어서 끓이다가, 끓으면 뚜껑을 덮고 약불에서 15분간 더 끓인다. 불을 끄고 그대로 8분 정도 뜸 들인다.

돼지고기는 프라이팬의 바닥에 깔고 쌀을 그 위에 올려 짓는 동안 노릇하고 고소해진다.

2 뚜껑을 덮고 다시 센 중불로 프라이팬을 흔들며 1~2분 정도 가열하여 색을 입힌다. 불을 끄고 김치와 고추장, 참기름 1작은술을 넣고 재빨리 섞는다.

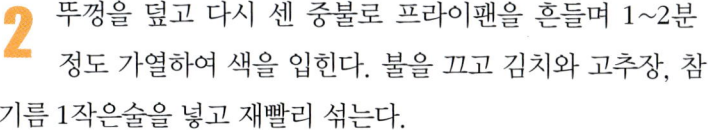

배추김치의 효능

알칼리성 식품이자 무기질과 비타민의 보고인 김치는 숙성 과정을 거치면서 젖산균이 발생해 우리 몸에서 항균작용을 해준다. 또한 배추가 가진 다량의 섬유소로 인해 변비, 장염, 결장염의 예방 효과가 있다. 육류나 산성식품의 과잉 섭취시 혈액의 산성화로 발생되는 산중독증을 예방해주는 식품이자 소화기 계통의 암에도 효과가 있는 등 성인병 예방에도 좋다. 김치의 양념에 들어가는 마늘과 고추 등은 항암작용과 소화를 돕는 등 다방면에서 우리 몸을 관리할 수 있는 유용한 음식이다.

볼륨 볶음밥

소스볶음밥

1인분 461kcal · 염분 2.8g

충분한 소스로 볶은 소스야끼소바 스타일의 밥.
햄까스를 얹은 그리운 맛이 매력적.

재료(2~3인분)

따뜻한 밥	2그릇(약 400g)
가지	2개
햄	3~4장
양파	$\frac{1}{3}$개
양배추	2~3장
달걀물	$\frac{1}{2}$분량
말린 가츠오부시	1팩(3g)
취향대로 이치미(혹은 타바스코 소스)	약간

밀가루, 빵가루, 샐러드유, 청주,
우스터소스, 소금, 후추, 흑통후추

밑손질

1 가지는 꼭지를 떼고 두께를 3등분으로 나눠 1.5cm 크기로 깍둑썬다.

2 햄은 볶을 때 터지지 않도록 끝부분에 3~4개 칼집을 넣는다.

3 양파는 잘게 다진다.

4 양배추는 딱딱한 심을 도려내고 폭 5mm 두께로 채썰어서 내열 볼에 넣고 랩을 씌워 전자레인지에 1분 30초 동안 가열한다.

1 햄에 밀가루, 달걀물, 빵가루 순으로 옷을 입혀 햄까스를 만든다. 프라이팬에 높이 5mm~1cm 정도의 샐러드유를 넣고 중온으로 가열한다. 햄까스를 나란히 넣고 튀기다가 노릇하게 색이 변하면, 뒤집어서 양면의 색이 노릇해지면 꺼내 기름기를 뺀다.

2 프라이팬의 기름을 2큰술 정도만 남겨 다시 중불로 달군다. 양파와 가지를 넣고, 가지가 푹 익을 때까지 3~4분간 찬찬히 굽는다. 밥을 넣고 청주 2큰술을 뿌린 후 뒤집개로 달달 볶는다. 우스터소스 4큰술과 가츠오부시에 소금, 후추를 약간씩 넣고 취향에 따라 이치미*를 뿌려 간을 맞춘다.

3 2를 담은 그릇에 양배추를 올리고 흑통후추를 약간 뿌린다. 햄까스를 먹기 쉽게 잘라서 얹고 취향에 따라 우스터소스를 약간 뿌린다.

햄까스는 얇기 때문에 소량의 기름을 달군 프라이팬에 재빨리 튀겨낸다.

* 이치미 = 고춧가루

볶음카레

1인분 582kcal · 염분 3.6g

카레라이스의 매운맛과 치즈의 고소한 맛이 하나가 되어 자꾸만 손이 가는 감칠맛.
먹고 남은 카레가루를 변형시킨 메뉴로도 최고.

재료(2~3인분)	
따뜻한 밥	2그릇(약 400g)
시판 카레루	60g
닭넓적다리살	1조각(약 200g)
양파	$\frac{1}{3}$개
오크라	6~8개
모짜렐라치즈	70~80g
서양식 육수(분말형)	$\frac{1}{2}$작은술
가람 마살라(없어도 무관)	약간
다진 셀러리 잎(혹은 파슬리)	$1\frac{1}{2}$큰술
버터, 소금, 후추, 샐러드유	

밑손질

1 볼에 밥을 넣고 셀러리 잎, 버터 1작은술, 소금 약간을 섞어 버터라이스를 만든다.

2 닭고기는 불필요한 껍질과 지방을 제거하고 한 입 크기로 자른 후 소금과 후추를 약간씩 넣고 가람 마살라가 있으면 뿌려서 밑간을 한다.

3 양파는 3cm 크기로 깍둑 썰고, 오크라는 꼭지를 떼고 꽃받침 주위를 벗긴다.

1 치킨카레를 만든다

프라이팬에 샐러드유 약간을 둘러 중불로 달구고 닭고기는 껍질을 아래쪽으로 하여 나란히 넣는다. 익어서 고기의 색이 변하면 뒤집어서 양면을 잘 익힌다. 양파를 넣고 함께 볶다가 양파가 투명해지면 물 $1\frac{1}{2}$컵을 따른다. 끓으면 분말육수를 넣어 쓴맛을 제거한다. 중불로 5분 정도 끓이다가 불을 끄고 카레루를 넣은 뒤 잘 섞어서 녹인다. 오크라를 넣고 다시 중불에 올려 이따금 저어주며 5~10분 정도 익혀서 볼에 담는다.

밥은 고소하게 볶아지도록 제일 밑에 깔고 카레와 치즈 순으로 올려서 펼친다.

2

같은 프라이팬에 버터라이스를 전체적으로 펴넣는다. 치킨카레를 펼쳐 얹고 전체적으로 치즈를 뿌린다. 뚜껑을 덮고 약불로 4~5분간 가열한다. 치즈가 녹으면 뚜껑을 열고 전체를 섞는다. 마지막으로 센불에 2~3분간 가열해서 노릇하게 색을 입힌다. 약불로 줄여서 전체를 섞는다.

볶음타코라이스

1인분 435kcal · 염분 1.8g

다진 고기와 밥을 섞어서 오키나와식 타코라이스 완성.
아삭아삭 씹히는 신선한 생야채나 치즈를 잔뜩 섞은 밸런스가 최고!

재료(2~3인분)

따뜻한 밥	2그릇(약 400g)
다진 고기	150g
토마토	소 2개(약 200g)
양상추	2~3매
가공치즈	20g
마늘	1쪽
올리브유	1큰술

칠리파우더(혹은 타바스코소스)
$\frac{1}{2}$~1작은술

토마토케첩, 돈까스소스, 소금,
후추, 흑통후추

밑손질

1 토마토는 꼭지를 떼고 1cm 크기로 깍둑썬다.

2 양상추는 길이 5~6cm, 폭 5mm로 채썬다.

3 치즈는 7~8mm로 깍둑썬다.

4 마늘은 잘 다진다.

1 프라이팬에 올리브유와 마늘을 넣고 중불로 달군다. 향이 나면 다진 고기를 넣고 뒤집개로 달달 볶다가 고기가 익어서 알알이 흩어지고 색이 변하면 토마토의 $\frac{1}{2}$분량과 토마토케첩 2 큰술, 돈까스소스 1큰술, 소금 $\frac{1}{3}$작은술, 후추 약간, 칠리파우 더를 넣고 섞는다.

2 밥을 넣고 볶다가 알알이 흩어지면 소금, 후추를 약간씩 넣어 간을 맞춘다. 양상추와 남은 토마토를 얹고 치즈를 뿌린 뒤 그 위에 흑통후추 약간을 올린 후 불을 끈다. 전체적 으로 섞어서 먹는다.

돼지고기는 잘 익어 색이 변할 때까 지 충분히 볶는다. 토마토의 $\frac{1}{2}$분량 과 함께 진하게 맛을 내고 밥과 섞 으면 맛이 결정된다.

갈릭스테이크 라이스

쇠고기, 마늘, 후추의 조합은 남성들에게도 대인기.
쌉쌀한 크레송이 향과 색의 포인트가 된다.

1인분 461kcal · 염분 1.8g

재료(2~3인분)

따뜻한 밥	2그릇(약 400g)
스테이크용 쇠고기	1장(약 200g)
크레송	1다발
마늘	1쪽
소금, 흑통후추, 샐러드유, 버터, 청주, 간장, 후추	

밑손질

1 쇠고기는 30분 전에 냉장고에서 꺼내 실온에 둔다. 물기를 닦고 흑통후추를 약간 갈아서 뿌린다.

2 크레송은 잎 끝을 3㎝ 길이로 뜯는다. 줄기는 잘게 다진다.

3 마늘은 잘 다진다.

1 프라이팬에 샐러드유 약간을 둘러 중불에 달구고 쇠고기를 넣어 센불에 1분 정도 굽는다. 익어서 색이 변하면 뒤집어서 40초 정도 더 굽다가 꺼낸다.

2 프라이팬에 남은 기름에 버터 1큰술(약 15g)과 마늘을 넣고 중불로 익히다가 향이 나면 밥을 넣고, 청주 1½큰술을 뿌린다. 뒤집개로 뒤적이면서 볶다가 밥이 알알이 흩어지면 일단 불을 끈다.

3 쇠고기를 2㎝ 크기로 썰어서 육즙째 2의 프라이팬에 얹어 중불로 볶는다. 프라이팬의 한가운데를 약간 비우고, 빈곳에 간장 1½큰술을 넣는다. 다 끓으면 크레송을 넣고 크게 저어 섞는다. 소금, 후추를 약간씩 넣어 간하고 그릇에 담는다. 취향에
따라 흑통후추를 약간 뿌린다.

쇠고기는 너무 익히지 않는 것이 포인트. 처음에 살짝 구웠다가 꺼내고 프라이팬에 남은 육즙을 이용해 밥을 볶는다.

두부국밥

1인분 265kcal · 염분 1.9g

닭고기 육수에 소금으로만 간해 은근하고 부드럽다.
완성된 찌개에 다진 절임고명을 얹어 아삭한 식감과 향을 플러스.

밑손질

1 프라이팬에 물 3$\frac{1}{2}$컵과 다시마를 넣고 10~15분간 우린다.

2 닭가슴살은 힘줄을 제거하고 한입 크기로 썰어서 소금 약간, 청주 1작은술에 재운다.

3 두부는 1㎝ 크기로 깍둑썬다.

4 야채절임은 잘 다진다.

5 밥은 채반에 올려 흐르는 물에 헹궜다가 물기를 뺀다.

1 물과 다시마를 넣은 프라이팬을 약한 중불로 달구고, 다시마에서 부글부글 거품이 생기면 닭고기를 넣고 2분 정도 끓인다. 다시마를 꺼내고 소금 $\frac{1}{2}$작은술, 묽은 간장을 뿌려 간을 맞추고 두부를 넣는다.

2 다시 끓어오르면 밥을 넣고 2~3분간 끓인다. 밥이 부풀어 오르면 그릇에 담아 야채절임과 실파를 얹는다.

면적이 넓은 프라이팬은 섞지 않아도 골고루 맛이 배므로 두부가 부서지지 않고, 단시간에 조리할 수 있다.

두부의 효능

식이섬유인 올리고당이 풍부한 두부는 변비치료 및 예방에 좋으며, 콩의 사포닌 작용으로 장을 깨끗하게 한다. 또한 골다공증을 가속화시키는 동물성 단백질 대신 식물성 단백질과 칼슘을 많이 함유한 데다가 이소플라본이 포함되어 골다공증을 예방할 수 있다.

두부에는 리놀레산 등의 필수지방산과 레시틴, 피토스테롤 등 생리활성 물질이 들어 있어 콜레스테롤의 수치를 낮추고 심혈관 질환을 예방하는 효과도 있다. 또한 에스트로겐을 조절해 에스트로겐 과다로 인해 생기기 쉬운 유방암과 난소암을 예방한다고 하니 두루두루 몸에 좋은 건강식이다. 이밖에도 비만증 예방과 아토피 환자에게도 좋은 식품으로 알려진 두부는 기억력을 높이고, 뼈와 근육의 성장을 돕기 때문에 성장기 아이들에게도 중요한 역할을 해줄 수 있다.

스키야키리조또

1인분 384kcal · 염분 2.3g

쇠고기와 야채를 전골처럼 매콤달콤하게 끓여서 밥에 흡수시킨다.
마지막에 달걀으로 마무리해 부드럽고 포만감 있는 일품요리로.

재료(2~3인분)

따뜻한 밥	2그릇(300~350g)
저민 쇠고기	120g
파	1개
생표고버섯	4개
달걀	1개
파드득나물	3~4개
육수	1컵
샐러드유, 설탕, 청주, 미림, 간장	

밑손질

1 파는 3㎝ 길이로 통썬다.

2 표고버섯은 기둥을 뗀다. 윗부분에는 방사선 모양으로 세 군데 칼집을 넣고 칼집의 좌우로 비스듬하게 칼을 넣어 V자형으로 도려낸다.

3 쇠고기는 먹기 좋은 크기로 썬다.

4 파드득나물은 축을 1~2㎝ 길이로 자른다.

5 달걀은 잘 푼다.

1 프라이팬에 샐러드유 약간을 둘러 강한 중불로 달구고 파와 표고버섯의 윗면을 밑으로 향하게 해서 나란히 넣는다. 익어서 색이 변하면 뒤집어서 양면을 노릇하게 굽는다. 파와 표고버섯을 프라이팬의 한쪽에 밀어두고 빈곳에 쇠고기를 널찍하게 펼쳐 넣는다.

2 고기가 익어서 색이 변하기 시작하면 설탕 $1\frac{1}{2}$큰술, 청주, 미림, 간장 각 $2\frac{1}{2}$큰술을 순서대로 뿌린 후 육수를 넣고 끓인다. 국이 끓어오르면 밥을 넣고 저으며 끓이다가 다 볶아지면 그릇에 풀어놓은 달걀을 중심에서부터 원을 그리듯이 돌려 넣는다. 반숙 상태가 되면 불을 끄고 그릇에 담은 뒤 파드득나물을 얹는다.

달걀이 너무 익지 않도록 재빨리 돌려 넣고 남은 열도 계산해서 일찌감치 불을 끈다. 이렇게 하면 부드러운 반숙 상태로 완성된다.

토마토와 베이컨 리조또

토마토 자체의 자연스러운 맛을 만끽할 수 있는 심플한 리조또.
베이컨에서 배어 나온 기름을 이용하므로 다른 기름은 필요 없다.

1인분 **344kcal** · 염분 **1.8g**

재료(2~3인분)

쌀	1컵(200g)
베이컨	3줄
토마토	대 1개(약 200g)
양파	$\frac{1}{3}$개
마늘	소 1개
서양식 육수(분말형)	$\frac{1}{2}$큰술
올리브유	적당히
소금, 취향에 따라 흑통후추	

밑손질

1 베이컨은 길이를 반으로 자른다.

2 양파는 잘게 다진다.

3 마늘은 듬성하게 다진다.

4 토마토는 꼭지를 제거하고 1㎝ 크기로 깍둑썬다.

1 프라이팬에 베이컨을 겹치지 않게 나란히 넣고 중불로 달군다. 익어서 색이 변하면 뒤집어서 살짝 구워 꺼낸다. 물 3컵을 끓여 분말육수와 소금 $\frac{1}{2}$~$\frac{2}{3}$작은술을 섞어 수프를 만든다.

2 프라이팬에 남은 기름에 올리브유 $1\frac{1}{2}$큰술과 마늘을 넣고 다시 중불로 달군다. 향이 나면 양파를 넣고 볶다가 양파가 투명해지면 미리 씻어 물기를 제거한 쌀을 넣고 함께 볶는다. 전체적으로 기름이 배면 토마토를 넣고, 토마토가 살짝 뭉개질 정도로 저으며 볶는다.

3 1의 수프 $\frac{1}{2}$분량을 재빨리 섞고 쌀이 수프를 흡수해 국물이 거의 졸아들 때까지 7~8분간 끓인다. 다시 남은 수프를 넣고 섞어 7~8분간 더 끓인다. 마지막으로 베이컨을 재빨리 섞어서 그릇에 담는다. 취향에 따라 올리브유, 흑통후추를 약간씩 뿌린다.

쌀은 기름에 볶은 후, 수프를 2회에 나눠 붓고 끓인다. 쌀에 수프가 살짝 스며들어 알덴테의 씹는 맛을 즐길 수 있다.

모시조개치즈리조또

1인분 310kcal · 염분 2.3g

남은 밥을 이용해 만든 간단한 조리법이다.

모시조개의 맛이 우러난 국물을 흡수하고 2종류의 치즈도 더해져 감칠맛 나게.

재료(2~3인분)

따뜻한 밥	2그릇(약 300g)
모시조개(껍질째 해감한 것)	200g
완두콩	120g
모짜렐라 치즈	50g
파마산치즈 갈은 것(또는 분말치즈)	2큰술
서양식 육수(분말형)	1작은술
올리브유	1~2작은술
소금	

밑손질

모시조개는 잘 씻어서 물기를 뺀다.

그릇에 조개를 넣고 재료의 표면이 수면에 살짝 올라올 정도로 물을 넣고, 소금(물 1컵당 2작은술이 적당)을 넣는다. 차갑고 어두운 곳에 30분 이상 두고 해감한다.

1 프라이팬에 물 $1\frac{1}{2}$컵, 분말육수, 소금 $\frac{1}{2}$작은술을 넣고 중불에 올린다. 끓어오르면 완두콩을 넣고 뚜껑을 덮은 후 부드러워질 때까지 5분간 더 끓인다.

2 국물이 끓어오르면 모시조개를 넣고, 조개의 입이 벌어질 때까지 뚜껑을 덮어 중불로 3~4분간 끓인다. 뚜껑을 열어 밥을 넣고 국물이 거의 졸아들 때까지 저으며 끓인다. 모짜렐라 치즈와 파마산치즈의 $\frac{1}{2}$분량을 넣어 섞고, 치즈가 녹으면 그릇에 담는다. 올리브유를 뿌리고 남은 파마산치즈도 뿌린다.

모시조개

비타민A와 적혈구 구성과 간기능 개선에 뛰어난 비타민 B_{12}를 많이 함유하고 있는 모시조개는 껍질에도 타우린 성분과 호박산 등이 들어 있어 껍질째 국물을 내면 영양소 섭취에 도움이 된다. 또한 단백질 함량이 높은 반면 지방 함유량은 적어 다이어트 음식으로도 좋다.

모시조개의 맛이 배어나온 국물에 밥을 넣고 단시간에 국물을 흡수시킨다.

프라이팬은 요리를 할 때 기본적으로 갖춰야 하는 도구 중 하나입니다.

　그래서 주방을 가꾸는 사람이라면 프라이팬에 민감해 자주 구입하게 됩니다. 독립해 혼자 사는 분, 가족을 위해 따뜻한 식탁을 차리는 주부 등의 구분 없이 요리하는 사람의 입장에서는 쓰기 편하고 관리하기 좋은 프라이팬은 주방을 행복하게 만들어주는 필수 아이템입니다.

셰프라인 탈부착 다이아몬드 프라이팬 5종 SET

일본 요리잡지에서 '프라이팬에 바란다'는 독자 앙케이트 결과 다음과 같은 의견들이 나왔다고 합니다.

✓ 한번 사면 오래 사용하는 만큼 안전한 요리를 할 수 있도록 불소가공이 길게 가는 것
✓ 조리하기 쉬운 크기와 깊이
✓ 손질이 쉽고 뒷면도 때가 잘 벗겨져 지저분하지 않고
✓ 가벼우며
✓ 전용뚜껑이 있고
✓ 손잡이가 튼튼하고 잘 부서지지 않았으면 좋겠다.

프라이팬을 사용해 보신 분들이라면 누구나 한번쯤 생각해봤을 만한 내용입니다.

여기 그런 분들을 위해서 프라이팬의 기본 사이즈에 충실하면서도 좁은 공간에 효과적인 수납이 가능한 **자신만만한 프라이팬을 소개**합니다.

20cm 에그팬 + 28cm 프라이팬 + 28cm 궁중팬+
28cm 넘침방지 유리뚜껑 + 탈부착 손잡이(총 5종)

국내 기술력으로 만들어지는 셰프라인의 탈부착 프라이팬 5종 세트는 어떤 주방에서나 필수인 3종 프라이팬(에그팬, 28cm팬, 궁중팬(볶음팬)에 활용도 높은 뚜껑과 사용이 편리한 탈부착 손잡이로 이루어져 있습니다. 이 제품들의 내부는 나노기술로 만들어진 다이아몬드코팅으로 코팅되어 잘 긁히지 않고 마모와 부식에 강하며 넌스틱 기능이 뛰어나 음식이 잘 눌러 붙거나 타지 않습니다. 외부 역시 세라믹 계열의 2중 강화코팅으로 세척이 간편하고 튼튼합니다.

또한 특허 받은 탈부착 손잡이는 사용이 간편하며 세척과 수납이 자유롭습니다. 프라이팬과 분리가 가능하여 최소한의 공간만으로도 프라이팬을 정리해 놓을 수 있도록 만들어진 것은 기본 장점이며, 미세조절나사로 텐션의 세기를 조절해 항상 안전하게 사용할 수 있으니 주방에 하나 있으면 여러 모로 유용한 기구입니다.

안전한 넘침방지 유리뚜껑은 내용물이 끓어 넘치는 것을 자동으로 조절해 줌으로써 화상 및 화재의 염려가 없도록 설계되었으며 조리시 적정한 압력을 유지하여 음식을 더욱 맛있고 건강하게 조리해 줍니다. 영양밥이나 도미밥 등을 지을 때 유용할 궁중팬의 활약도 기대해주세요~

굽고!

조리고!

볶는다!

Part 5

   세 가지 같은 재료

프라이팬으로

 굽고

 조리고

 볶는

=

메뉴 3배 대작전!

제철 야채나 구입하기 쉬운 고기와 생선을 이용하는 등

상차림을 풍성하게 하는 방법은 다양하지만 매일 식탁에 오르는 재료는 거의 비슷하다.

익숙한 세 가지 재료의 조리법과 양념을 바꿔 세 가지 메뉴로 대변신!

프라이팬 하나로 이렇게 다양한 요리가 가능하다니!?

놀랄 만큼 자신만만한 조리법이 모여 있다.

쉽게 만들 수 있는 것들로만 모아놨으니 시도해보세요~

가지 피망 고기전

노릇노릇 구운 후 뚜껑을 덮고 천천히 익힌다.
육즙이 야채에 충분히 베어들면 그 맛이 천하일품!

1인분 347kcal · 염분 1.8g

재료(2인분)

다진 고기(쇠고기+돼지고기)	200g
가지	2개
피망	2개

빵가루, 청주, 소금, 후추, 밀가루
샐러드유, 토마토케첩

다진 고기
가지
피망
메뉴 3배

1 가지는 꼭지를 자르고 세로로 반씩 자른다. 꼭지 쪽의 2㎝를 남겨두고 두툼하게 반으로 가르듯이 크게 칼집을 넣는다. 피망은 세로로 반씩 자르고 꼭지와 씨앗을 제거한다. 그릇에 다진 고기와 빵가루 4큰술, 청주 1큰술, 소금 $\frac{1}{4}$작은술, 후추 약간을 넣고 점성이 생길 때까지 치댄다. 가지의 이음새와 피망의 안쪽에 밀가루를 살짝 바른 후 다진 고기를 $\frac{1}{8}$씩, 가지에는 끼우고 피망에는 채운다.

2 프라이팬에 샐러드유 $\frac{1}{2}$큰술을 둘러 약불로 달구고 가지는 겉쪽을, 피망은 고기 쪽을 아래로 겹치지 않게 넣는다. 뚜껑을 덮고 5분 정도 굽다가 뒤집은 후 다시 뚜껑을 덮고 3분가량 익힌다. 그릇에 담고 토마토케첩을 적당히 뿌린다.

가지의 효능

아직까지 가지의 가치는 잘 알려지지 않았지만 훌륭한 영양식품이다. 가지는 장 기능을 강화해 장내의 노폐물을 제거하는 등 장 질환을 예방하는 효과가 있으며 섬유질이 많아 다이어트에 도움이 된다. 또한 가지에 많은 폴리페놀이라는 성분 때문에 암세포 억제율이 80%나 되어 항암효과도 탁월하다고 한다. 가지의 성질은 차가워 열이 많은 사람의 열을 내려 염증치료에도 좋다. 꾸준히 섭취한다면 피가 맑아져 고지혈증을 예방하고 혈압을 낮추며 피로회복에도 큰 도움이 된다.

중화풍 야채소테

고기는 뒤적이며 익혀 알알이 씹히는 식감을 내는 것이 포인트.
익힌 야채 위에 수북이 얹으면 식욕상승!

1인분 303kcal · 염분 1.8g

재료(2인분)	
다진 고기(쇠고기+돼지고기)	150g
가지	3개
피망	2개
춘장	2큰술
샐러드유, 청주, 간장	

1 가지는 꼭지를 자르고 3~4등분하여 어슷썬다. 피망은 세로로 반으로 자르고 꼭지와 씨를 제거한다.

2 프라이팬에 샐러드유 1큰술을 둘러 중불로 달구고 가지, 피망을 2분 정도 굽는다. 뒤집어서 다시 2분 정도 굽다가 숨이 죽으면 그릇에 담는다.

3 계속해서 프라이팬을 중불로 달구고 다진 고기를 뒤적이며 볶는다. 알갱이가 풀어지면 청주 1큰술을 넣고 섞은 후 춘장과 간장 $\frac{1}{2}$큰술, 물 $\frac{1}{3}$컵을 넣고 섞는다. 뚜껑을 덮고 약불로 6~8분간 즙이 거의 없어질 때까지 익힌 후 가지와 피망에 얹는다.

드라이야채카레

한 그릇이지만 포만감이 충분한 카레.

지름이 넓은 프라이팬에서 는 고기와 야채가 단시 간에 익어 맛이 진하게 배어 든다.

1인분 557kcal · 염분 2.7g

재료(2인분)	
다진 고기(쇠고기+돼지고기)	200g
가지	2개
피망	3개
붉은 고추	1개
카레가루	2큰술
월계수잎(없어도 무관)	1장
따뜻한 밥	적당히
샐러드유, 소금, 간장, 토마토케첩	

1 가지는 꼭지를 자르고 세로로 4등분한 후 가로 2㎝ 폭으로 자른다. 피망은 세로로 반씩 자르고 꼭지와 씨를 제거한 후 한 조각을 세로로 2~3등분, 가로로 2㎝ 폭으로 자른다. 붉은 고추는 꼭지와 씨를 제거한다.

2 프라이팬에 샐러드유 약간을 둘러 중불로 달구고 다진 고기 를 뒤적이며 볶는다. 고기가 알알이 흩어지면 가지와 피망을 넣고 볶다가 붉은 고추, 카레가루, 월계수 잎을 넣고 함께 볶는다. 물 $\frac{2}{3}$컵을 넣고 끓이다가 약불로 하고 소금 $\frac{2}{3}$작은술, 간장 1작은 술, 토마토케첩 2큰술을 넣고 섞은 후 뚜껑을 덮고 6~8분간 끓인 다. 그릇에 밥을 담고 카레를 얹는다.

121

돼지고기 야채볶음

돼지고기에 녹말가루를 뿌려 볶으면 놀라우리만치 부드러운 식감을 느낄 수 있다.
평범한 야채볶음이 한 단계 상승한 맛!

1인분 350kcal · 염분 2.8g

122

재료(2인분)

저민 돼지고기	200g
숙주나물	1봉(250g)
당근	$\frac{2}{3}$개

샐러드유, 녹말가루, 청주,
간장, 설탕

저민 돼지고기,
숙주나물,
당근

메뉴 3배

1 당근은 필러로 껍질을 벗기고 깎듯이 얇게 썬다.

2 프라이팬에 샐러드유 $\frac{1}{2}$큰술을 넣어 중불로 달구고 숙주나물을 볶는다. 숙주나물의 숨이 죽으면 당근을 넣고 재빨리 볶아서 꺼낸다. 계속해서 프라이팬에 샐러드유 $\frac{1}{2}$큰술을 넣어 중불로 달구고 녹말가루 $1\frac{1}{2}$큰술을 묻힌 돼지고기를 넣어 뒤적이며 볶는다. 청주 1큰술을 섞은 후 간장 2큰술, 설탕 1작은술을 넣고 즙을 날려가며 볶는다. 숙주나물과 당근을 다시 넣고 재빨리 함께 볶는다.

숙주나물

녹두를 콩나물처럼 재배한 숙주나물은 원기를 보충하고 오장의 기능을 원활하게 하며 정신을 안정시키는 효과가 있다. 고열의 독감으로 입맛을 잃었을 때 섭취한다면 해열·해독작용을 하는 동시에 영양면에서 흡수성이 뛰어난 환자식이 된다. 또한 입안이 헐었을 때 등 피로회복에도 좋다.

중화풍 돼지고기 샐러드

숙주나물의 양이 많아도 쉽게 요리할 수 있는 것이 장점.
끓는 물에 살짝 데친 후 양념간장을 얹어 드세요.

1인분 332kcal · 염분 2.1g

재료(2인분)	
저민 돼지고기	150g
숙주나물	1봉(250g)
당근	$\frac{1}{2}$개
A	참깨소스, 식초 각 2큰술
	간장, 참기름 각 $1\frac{1}{2}$큰술

1 당근은 필러로 껍질을 벗기고, 깍듯이 얇게 썬다. A를 섞는다.

2 프라이팬에 물을 끓여 숙주나물을 넣고 팔팔 끓으면 30초
정도 더 데치다가 망국자 등으로 건져 채반에 식힌다. 계속
해서 프라이팬에 돼지고기를 넣고 데친다. 고기의 색이 변하면
다른 채반에 꺼내 식힌다. 그릇에 숙주나물을 깔고 돼지고기와
당근을 함께 올린 후 A를 끼얹는다.

매콤한 나물볶음

많은 양의 야채도 단숨에 조리. 따로따로 익힌 후 섞는 번거로움이 필요 없다.
그릇 가득 담아 식탁으로!

재료(2인분)	
저민 돼지고기	200g
숙주나물	1봉(250g)
당근	$\frac{2}{3}$개
굵은 고춧가루	적당히
참기름, 청주, 설탕, 간장	

1 당근은 필러로 껍질을 벗기고, 길이를 반으로 썬 후 다시 세로로 채썬다.

2 프라이팬에 참기름 $\frac{1}{2}$큰술을 둘러 중불로 달구고 숙주나물을 볶는다. 숨이 죽으면 당근을 넣고 재빨리 볶아 꺼낸다. 계속해서 프라이팬에 참기름 $\frac{1}{2}$큰술을 둘러 중불로 달군 후 돼지고기를 뒤적이며 볶는다. 고기가 익어서 색이 변하면 청주 1큰술을 넣어 섞은 후 고춧가루 약간, 설탕 1큰술, 간장 2큰술을 넣고 볶는다. 숙주나물과 당근을 다시 넣고 센불에서 재빨리 섞어 볶는다. 그릇에 담아 고춧가루를 적당히 뿌린다.

125

육류

점보 데리야키버거

크고 넓게 구운 호쾌한 일품요리. 야채 비율이 높아 영양균형도 만점!
식탁에서 탄성이 절로 나오는 맛있는 음식!

1인분 288kcal · 염분 2.3g

재료(2인분)

저민 닭고기	200g
연근	150g
실파	$\frac{1}{2}$단(약 50g)
생강즙	약간
청주, 간장, 녹말가루, 미림, 설탕	

다진 닭고기
연근
실파

메뉴 3배

1 연근은 껍질을 벗겨 7㎜ 정도의 두께로 6개를 둥글썰기 하고 씻어서 물기를 닦는다. 실파는 3㎝ 길이로 자른다. 그릇에 다진 닭고기, 생강즙과 식초 각 2큰술, 간장 약간을 넣고 점성이 생길 때까지 잘 치대어 반죽을 만든다.

2 프라이팬에 1의 반죽을 둥글게 편다. 연근의 한쪽 면에 녹말가루를 얇게 묻힌 후, 녹말가루가 묻은 면을 아래로 놓고 반죽에 가볍게 눌러 얹는다.

3 프라이팬을 약한 중불에 놓고 뚜껑을 덮어 3분 정도 굽는다. 평평한 뚜껑이나 접시를 덮고 프라이팬을 뒤집어서 꺼낸 후 미끄러뜨리듯 반대쪽으로 프라이팬에 다시 넣는다. 청주 1큰술을 뿌리고 미림 2큰술, 간장 $1\frac{1}{2}$큰술, 설탕 1작은술을 넣은 후 실파를 뿌리고 프라이팬을 흔들어 전체에 골고루 묻힌다.

사각사각 연근볶음

큼직하게 자른 연근도 전체적으로 잘 익어 사각사각 씹히는 맛을 즐길 수 있다.
고기는 뒤적이며 볶는다!

1인분 304kcal · 염분 1.0g

재료(2인분)

다진 닭고기	150g
연근	250g
실파	$\frac{1}{2}$단(약 50g)
붉은 고추	1개
샐러드유, 청주, 설탕, 식초, 소금	

1 연근은 껍질을 벗기고 세로로 4등분해서 자른 뒤 1㎝ 폭으로 어슷하게 썰어 씻고 물기를 닦는다. 실파는 3㎝ 길이로 자른다.

2 프라이팬에 샐러드유 1큰술을 둘러 약불로 달구고 다진 고기를 뒤적이며 볶는다. 고기가 알알이 흩어지면 중불에서 연근, 붉은 고추를 넣고 함께 볶는다. 청주 2큰술을 넣어 섞은 후 설탕 2큰술, 식초 4~5큰술, 소금 $\frac{1}{3}$작은술을 넣고 볶다가 실파를 넣어 단숨에 볶는다.

연근슈마이

피가 없어 간편한 찐만두는 부드러운 식감의 연근에 다진 고기가 주재료.
프라이팬에 그대로 넣고 찐다.

1인분 258kcal · 염분 1.8g

재료(2인분)

저민 닭고기	200g
연근	240g
실파	$\frac{1}{2}$단(약 50g)

청주, 소금, 후추, 녹말가루,
간장, 취향에 따라 겨자

1 연근은 껍질을 벗기
고 두께 8㎜ 정도로
6개를 둥글썰기해 씻어서
물기를 닦는다. 남은 연근
은 갈아둔다. 실파는 잘게
썬다.

2 그릇에 다진 고기, 갈아놓은 연근, 실파와 청주 1큰술, 소금 한 줌, 후추 약간을 넣고 잘 섞
어 반죽한다. 둥글게 썬 연근을 나란히 눕혀 놓고 거름망으로 녹말가루를 가볍게 뿌린다.
물에 적신 손으로 반죽을 6등분하여 둥글게 만들어 연근 위에 올린다. 위에서 살짝 눌러 맛이 배
게 한다.

3 프라이팬에 2를 나란히 놓고 프라이팬 가상사리부터 물 $\frac{2}{3}$컵
을 붓고 뚜껑을 덮어 중불에 끓인다. 끓으면 약불로 10분 정
도 찐다. 그릇에 담고, 간장겨자를 취향에 따라 적당히 곁들인다.

치킨무샐러드

큼직한 닭고기 한 장을 그대로 구워 겉은 바삭하게 안은 육즙이 흐르게.
버섯도 함께 구워 맛이 배게 한다.

1인분 451kcal · 염분 2.7g

재료(2인분)		
닭넓적다리살		대 1장(약 300g)
무		10cm
생표고버섯		4개
A	레몬즙	$1\frac{1}{2}$큰술
	간장	1큰술
	샐러드유	2큰술
	소금	$\frac{1}{4}$작은술
	흑통후추	약간
소금, 후추, 샐러드유		

닭다리
무
표고버섯
메뉴 3배

1 닭고기는 불필요한 껍질과 지방을 제거하고 양면에 소금과 후추를 살짝 뿌려 재운다. 무청은 떼서 통으로 잘게 썬다. 무는 필러로 껍질을 벗기고 깎아내듯 약 200g 정도 얇게 벗겨내어(남은 것은 다른 메뉴에 사용) 그릇에 담는다. 표고버섯은 기둥을 떼어내고 세로로 반 자른다. A를 섞는다.

2 프라이팬에 샐러드유를 약간 둘러 약한 중불로 달구고 닭고기는 껍질을 아래쪽으로 하여 표고버섯과 나란히 넣는다. 4~5분 정도 굽다가 뒤집어서 3~4분 정도 더 굽는다. 닭고기를 큼직하게 한입 크기로 잘라, 표고버섯과 함께 무가 담긴 그릇에 얹는다. 무청을 뿌리고 A를 끼얹는다.

표고버섯의 효능

중국에서는 불로장생약으로 통했을 만큼 표고버섯은 다양한 약 성분을 함유하고 있다. 미국 심장학회에서는 콜레스테롤과 고혈압 예방에 뛰어나다는 연구 결과를 내놓았으며 비타민B_1 및 뼈대 구성에 필요한 비타민D_2가 풍부하여 임산부에게 좋다. 다른 음식에서는 얻기 힘든 비타민D(칼슘 흡수를 돕는 역할을 하는 케톤류)의 보고이기도 하다.

닭고기무국

푸짐한 고기와 야채도 프라이팬이라면 골고루 익힐 수 있다.
생강 맛이 깊이 잘 익은 무 & 치킨수프.

1인분 208kcal · 염분 1.9g

재료(2인분)	
닭넓적다리살	대 $\frac{1}{2}$장(약 150g)
무	$\frac{1}{3}$개(약 350g)
생표고버섯	3개
저민 생강	2~3개
샐러드유, 청주, 소금, 후추	

1 무청은 3cm 길이로 적당히 썬다. 무는 필러로 껍질을 벗기고 4cm 길이로 썬 후 다시 세로로 1cm 두께로 길게 썬다. 표고버섯은 기둥을 자르고 4등분하여 자른다. 닭고기는 불필요한 껍질과 지방을 제거하고 세로 3cm 폭으로 자른 후 가로도 1cm 폭으로 자른다.

2 프라이팬에 샐러드유 1작은술을 부어 중불로 달구고 닭고기를 볶는다. 고기의 색깔이 변하면 무와 표고버섯을 넣고 살짝 볶다가 청주 2큰술을 섞고, 물 3컵을 붓는다. 재료가 끓으면 약불로 해서 쓴맛을 제거하고 생강과 소금 $\frac{2}{3}$작은술, 후추를 약간 뿌린 후 뚜껑을 덮고 무가 부드러워질 때까지 12~15분간 끓인다. 무청을 넣고 한소끔 더 끓인다.

닭고기무찜

볶은 후 끓이므로 재료의 맛이 충분히 우러난다.
전체에 맛이 충분히 베어들어 밥 한 그릇이 뚝딱!

1인분 401kcal · 염분 3.3g

재료(2인분)

닭넓적다리살	1장(약 250g)
무	$\frac{1}{2}$개(약 500g)
생표고버섯	소 4개

샐러드유, 청주, 설탕, 미림, 간장

1 무청은 3㎝ 길이로 적당히 썬다. 무는 필러로 껍질을 벗기고 세로로 4등분하여 큼직하게 썬다. 표고버섯은 기둥을 자른다. 닭고기는 불필요한 껍질과 지방을 제거하고 큼직하게 한입 크기로 자른다.

2 프라이팬에 샐러드유 $\frac{1}{2}$큰술을 중불로 달구고 닭고기를 볶는다. 고기가 익어서 색이 변하면 무와 표고버섯을 넣고 살짝 볶다가 청주 2큰술을 섞는다. 물 $\frac{1}{3}$컵을 붓고 끓이다가 설탕 2작은술, 미림 2큰술을 넣고 섞어서 다시 뚜껑을 덮어 약불로 8분정도 끓인다. 간장 2~3큰술을 넣은 후 이번에는 뚜껑을 열고 8분정도 끓인다. 무청을 넣고 한소끔 더 끓인다.

133

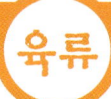

치킨회과육

1인분 415kcal · 염분 1.8g

깊은 맛이 우러난 국물을 끼얹어 재료에 진한 맛을 배게 한다.
매콤달콤하고 태우기 쉬운 국물이지만 달라붙지 않는다.

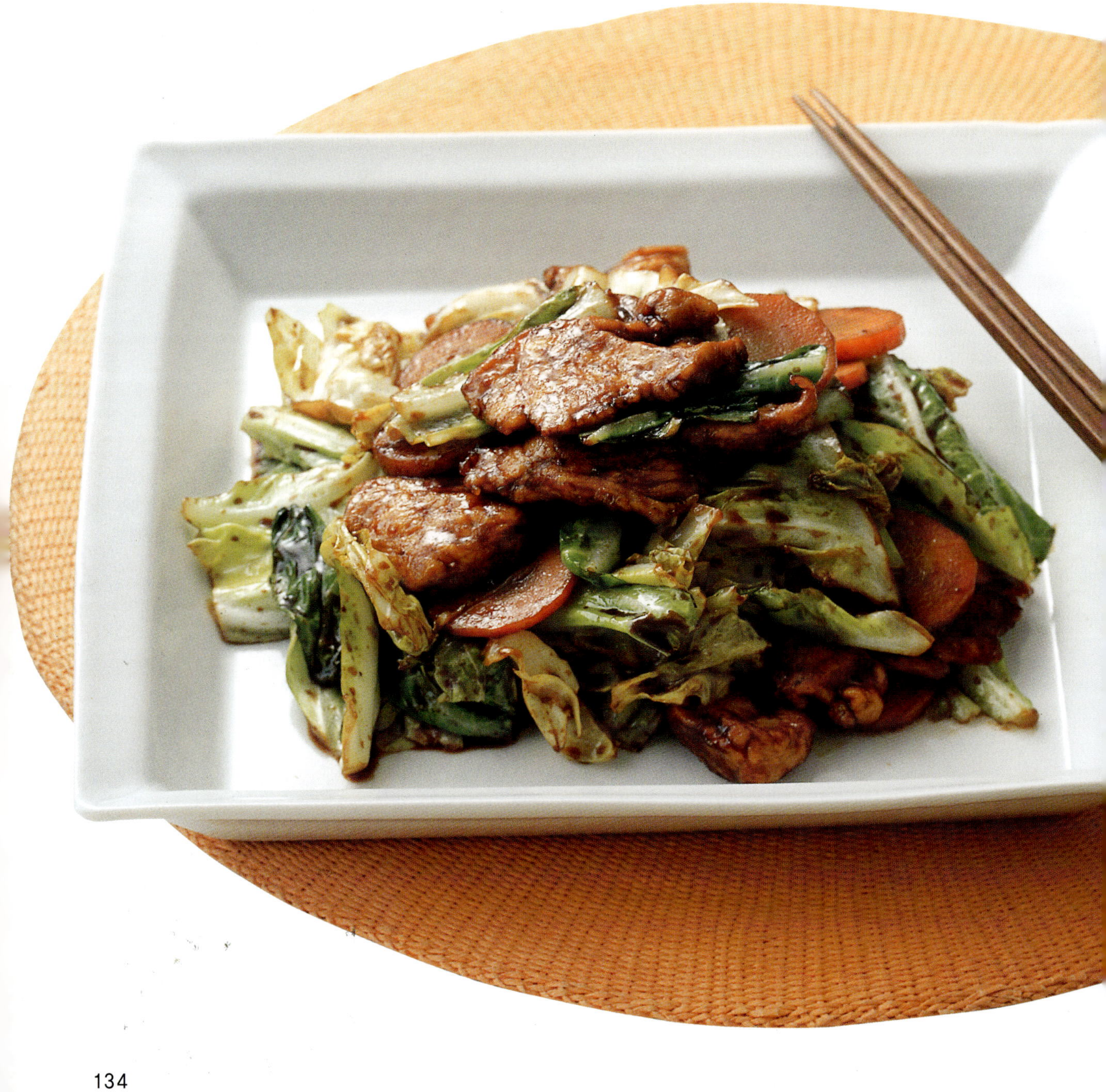

재료(2인분)	
닭가슴살	1장(약 200g)
양배추	$\frac{1}{4}$개(약 300g)
당근	$\frac{1}{2}$개
춘장	2큰술
샐러드유, 녹말가루, 식초, 간장, 후추	

닭가슴살
양배추
당근

메뉴 3배

1 닭가슴살은 세로로 반 자르고 가로 1㎝ 폭으로 얇게 저민다. 양배추는 3~4㎝ 정도로 깍둑 썬다. 당근은 껍질을 벗기고 5㎜ 두께로 둥글썰기 한다.

2 프라이팬에 샐러드유 1큰술을 두른 뒤 센불로 달구고 양배추를 볶는다. 기름이 전체에 돌면 뚜껑을 덮고 1분 정도 더 찌다가 꺼낸다.

3 계속해서 프라이팬에 샐러드유 1큰술을 둘러 약불로 달구고, 닭고기에 녹말가루를 가볍게 묻혀 올려 놓는다. 당근을 넣고 닭고기와 당근의 색이 변할 때까지 굽다가 뚜껑을 덮고 1분 정도 더 찐다. 청주 1큰술을 섞고 춘장과 간장 $\frac{1}{2}$큰술, 후추가루 약간을 뿌려 볶다가 2의 양배추를 다시 넣고 함께 볶는다.

치킨양배추그릴

크게 썬 양배추를 겹치지 않게 늘어놓는다.
고기와 야채를 고소하게 구우면 서양식 그릴 완성!

1인분 437kcal · 염분 1.1g

재료(2인분)

닭가슴살		1장(약 200g)
양배추		$\frac{1}{3}$개(약 400g)
당근		$\frac{1}{2}$개
올리브유		2큰술
A	씨겨자, 식초, 올리브유	각 1큰술
	소금	$\frac{1}{4}$작은술

1 닭가슴살은 1~2㎝ 폭으로 얇게 썬다. 양배추는 4등분하여 자르고 잎이 흐트러지지 않도록 이쑤시개로 고정한다. 당근은 껍질을 벗기고 길이를 반으로 자른 뒤 세로로 5㎜ 폭으로 자른다. 볼에 A를 섞는다.

2 프라이팬에 올리브유 1큰술을 넣어 센불로 달구고, 양배추를 늘어뜨려 3분 정도 익힌다. 뒤집어서 뚜껑을 닫고 중불로 2~3분 정도 익힌 후 그릇에 담아낸다.

3 프라이팬을 재빨리 씻어 물기를 닦고 올리브유 1큰술을 넣은 후 중불로 달구고, 닭가슴살, 당근을 잘 펼쳐 넣는다. 이따금 뒤집어서 양면을 2~3분간 굽고, 다시 뒤집어 2분 정도 더 굽는다. 양배추가 담긴 그릇에 함께 담고 A를 끼얹는다.

양배추찜닭

적은 양의 물에도 부피가 큰 야채와 고기를 함께 찔 수 있다.

아삭하고 부드러운 양배추가 최고!

1인분 257kcal · 염분 2.7g

재료(2인분)

닭가슴살	1장(약 200g)
양배추	$\frac{1}{4}$개(약 300g)
당근	$\frac{1}{2}$개
와사비	$\frac{1}{2}$~1작은술
간장, 청주	

1 닭가슴살은 세로로 반 자르고 가로 2㎝ 폭으로 다시 자른다. 양배추는 3~4㎝ 크기로 깍둑썬다. 당근은 필러로 껍질을 벗기고 얇게 깎아낸다. 그릇에 와사비와 간장 2큰술을 섞는다.

2 프라이팬에 닭고기와 청주 1큰술, 물 3큰술을 넣고 뚜껑을 덮어 약불에서 3~4분간 찐다. 양배추를 넣고 뚜껑을 덮어 중불에서 4~5분 찐다. 당근을 넣고 뚜껑을 덮어 30초 정도 익힌다. 그릇에 담아내고 와사비간장을 곁들인다.

쇠고기부추전

오코노미야키 전문점의 인기메뉴 응용.
프라이팬을 통째로 뒤집기 때문에 크게 구워도 실패하지 않는다! 식초+간장과 함께 먹는다.

1인분 448kcal · 염분 1.9g

재료(2인분)		
저민 쇠고기		150g
실곤약		1봉(200g)
부추		1 단
A	밀가루	1컵
	소금	한 줌
	후추	약간
	물	$\frac{2}{3}$컵
샐러드유, 식초, 간장		

저민 쇠고기
실곤약
부추

메뉴 3배

1 실곤약은 씻어서 물기를 털고 약 1~2㎝ 길이로 썬다. 부추는 약 1㎝ 길이로 썬다. 쇠고기는 2㎝ 폭으로 썬다. 큼직한 그릇에 A를 넣고 거품기로 잘 섞어준다.

2 프라이팬을 중불로 달구고 실곤약을 넣어 물기를 없앤 후 볶고 1의 그릇에 넣는다. 쇠고기, 부추를 넣어 함께 섞는다.

3 프라이팬을 재빨리 물로 씻어 닦고, 샐러드유 $\frac{1}{2}$큰 술을 둘러 중불로 달군다. 2를 쏟아 넣고 둥글게 펴서 3~4분 정도 굽다가 뚜껑을 덮고 3분 정도 더 굽는다. 평평한 뚜껑이나 접시를 씌우고 프라이팬을 통째로 뒤집어서 한 번에 꺼냈다가 다시 프라이팬에 넣는다. 4~5분 굽다가 꺼내서 6등분으로 잘라 그릇에 담는다. 식초간장을 곁들여 먹는다.

쇠고기에스닉볶음

당면 대신 실곤약을 사용해 식감 만점!
볶으면서 수분을 날리는 것이 포인트

1인분 287kcal · 염분 2.5g

재료(2인분)

저민 쇠고기	150g
실곤약	1봉(200g)
부추	1 단
붉은 고추	1개
남푸라	$1\frac{1}{2}$큰술
썰은 레몬	2조각
참기름, 청주, 설탕	

1 실곤약은 씻어서 물기를 털고 4~5㎝ 길이로 썬다. 부추는 약 3~4㎝ 길이로 썬다. 붉은 고추는 꼭지와 씨앗을 제거하고 7㎜ 폭으로 잘게 통썬다.

2 프라이팬을 중불로 달군 후 실곤약을 넣고 물기를 없애며 볶다가 꺼낸다. 프라이팬을 재빨리 물로 씻어 닦고, 참기름 1큰술을 중불로 달궈 쇠고기를 뒤적이며 볶는다. 고기가 익어서 색이 변하면 실곤약, 붉은 고추, 청주 3큰술을 넣어 섞은 후 남푸라와 설탕 $\frac{1}{2}$큰술을 넣고 함께 볶는다. 부추를 넣고 재빨리 볶아 그릇에 담고 레몬을 곁들인다.

쇠고기부추전골

고기를 볶은 후 직접 양념을 넣는다.
꿀꺽 침이 넘어가는 본격적인 맛은 남녀노소에게 인기 만점.

1인분 334kcal · 염분 2.7g

재료(2인분)	
저민 쇠고기	150g
실곤약	1봉(200g)
부추	1단
샐러드유, 청주, 설탕, 미림, 간장	

1 실곤약은 씻어서 물기를 털고 4~5㎝ 길이로 썬다. 부추는 약 3~4㎝ 길이로 썬다.

2 프라이팬을 중불로 달구고 실곤약을 넣어 수분을 날리며 볶다가 꺼낸다. 프라이팬을 재빨리 물로 씻어 물기를 닦고, 샐러드유 1큰술을 넣어 중불로 달군 후 쇠고기를 뒤섞이며 볶는다. 고기의 색이 변하면 다시 실곤약과 청주 2큰술을 섞은 후 물 3큰술, 설탕 $\frac{1}{2}$큰술, 미림과 간장 각 2큰술을 넣고 섞는다. 뚜껑을 덮고 약불로 7~8분간 끓인다. 부추를 넣고 재빨리 섞는다.

연어 데리야키

노릇노릇 구운 연어에 매콤달콤한 즙을 잘 묻힌다.
적당히 잘 익히는 것이 맛의 비결!

1인분 303kcal · 염분 2.8g

재료(2인분)

생연어	2조각
순무	소 3개
새송이버섯	1팩
생강즙	$\frac{1}{2}$작은술
샐러드유, 녹말가루, 청주,	
설탕, 미림, 간장	

연어
순무
새송이버섯
메뉴 3배

1 순무는 줄기를 3cm 정도 남겨두고 껍질을 벗겨 세로로 1cm 폭으로 썬다. 잎은 4cm 길이로 썬다. 새송이버섯은 약 2~3등분한 후 세로로 1cm 폭으로 자른다. 연어는 2등분하여 자른다.

2 프라이팬에 샐러드유 $\frac{1}{2}$큰술을 둘러 중불로 달구고 순무, 새송이버섯을 나란히 넣어 2분 정도 굽는다. 뒤집어서 순무 잎을 넣고 1분 정도 더 볶다가 그릇에 담는다.

3 프라이팬을 재빨리 물로 씻어 닦고, 샐러드유 $\frac{1}{2}$큰술을 중불로 달군다. 연어에 녹말가루를 얇게 묻혀 껍질을 아래쪽으로 해서 나란히 넣고, 2분 정도 굽다가 뒤집어서 약불로 2분 정도 굽는다. 뚜껑을 덮고 다시 2분 정도 익히다가 청주 2큰술을 넣고 생강과 설탕 $\frac{1}{2}$큰술, 미림, 간장 각 2큰술을 넣어 프라이팬을 흔들며 묻힌다. 2의 그릇에 담고 프라이팬에 남은 국물을 끼얹는다.

연어 스테이크

밀가루를 묻혀 소테해서 겉은 바삭 속은 촉촉.
유자후추를 넣어 매콤한 마요네즈 소스를 찍어 드세요.

1인분 315kcal · 염분 1.9g

재료 (2인분)		
생연어		2조각
순무		2개
새송이버섯		2개
A	마요네즈	2큰술
	유자후추	$\frac{1}{4} \sim \frac{1}{2}$작은술
	간장	$\frac{1}{2}$작은술
소금, 후추, 샐러드유, 밀가루		

1 연어의 양면에 소금, 후추를 약간씩 뿌린다. 순무는 줄기를 2cm 정도 남겨두고 잎을 자르고, 껍질을 벗겨 세로로 얇게 썬다. 찬물에 깨끗하게 씻어 물기를 털어낸 후 그릇에 담는다. 잎은 4cm 길이로 적당히 썬다. 새송이버섯은 2등분해 자른 후 세로 8mm 폭으로 자른다. A를 섞는다.

2 프라이팬에 샐러드유 $\frac{1}{2}$큰술을 두르고 중불로 달군 후 새송이버섯을 볶는다. 숨이 죽으면 한쪽에 밀어두고, 빈곳에 순무 잎을 넣고 볶다가 소금, 후추를 약간 뿌리고 1의 그릇에 담는다.

3 프라이팬을 재빨리 물로 씻어 닦고, 샐러드유 $\frac{1}{2}$큰술을 넣어 중불로 달군 후 밀가루를 얇게 묻힌 연어를 넣는다. 2분간 굽다가 뒤집어서 2분 정도 더 굽는다. 2의 그릇에 담고 연어에 A를 얹는다.

연어와 순무 크림스튜

연어의 표면을 구운 후 끓이기 때문에 덜 익었을 걱정이 필요 없다.
많은 재료를 넣고 고르게 잘 익힐 수 있다.

1인분 384kcal · 염분 2.3g

재료(2인분)

생연어	2조각
순무	소 3개
새송이버섯	1팩
우유	1컵
월계수잎(없어도 무관)	1장
소금, 후추, 버터, 밀가루, 샐러드유	

1 연어의 뼈를 제거하고 3~4등분한 후 소금과 후추를 약간씩 뿌린다. 순무는 줄기를 2㎝ 정도 남겨두고 잎을 자르고, 껍질을 벗겨 세로로 반 썬다. 새송이버섯은 한입 크기로 썬다. 그릇에 버터, 밀가루 각 1큰술을 넣고 포크로 버터를 잘게 부수며 섞는다.

2 프라이팬에 샐러드유 $\frac{1}{2}$큰술을 넣어 중불로 달구고 연어에 밀가루를 입혀 양면을 2분씩 굽는다. 순무 잎을 넣고 볶다가 꺼낸다.

3 프라이팬을 재빨리 물로 씻어 물기를 닦은 후 버터 1큰술을 약불로 녹여 순무와 새송이버섯을 볶는다. 버섯이 익으면 연어를 다시 넣고 월계수잎과 물 $\frac{2}{3}$컵을 넣는다. 센불에서 끓인 후 뚜껑을 덮고 약불로 8~10분간 끓인다. 소금 $\frac{1}{2}$작은술, 후추 약간을 뿌려 섞고 우유, 순무잎을 넣어 한소끔 끓인다. 1의 버터와 밀가루를 넣고 섞다가 걸쭉해지면 불을 끈다.

매콤새우볶음

새우에 진한 즙을 묻힌 후 볶아놓은 야채를 합친다.
각 재료 고유의 씹히는 맛을 즐길 수 있다.

1인분 254kcal · 염분 1.7g

재료(2인분)	
껍질 벗긴 새우	100g
감자	2개(약 250g)
그린아스파라거스	4개(약 150g)
두반장	$\frac{1}{4} \sim \frac{1}{3}$ 작은술
샐러드유, 녹말가루, 청주, 설탕, 간장	

새우
감자
아스파라거스
메뉴 3배

1 감자는 껍질을 벗기고 8㎜ 두께로 반달썰기한 뒤, 물에 5분간 담갔다가 물기를 뺀다. 아스파라거스는 뿌리를 잘라 아래부터 $\frac{1}{3}$ 정도 껍질을 벗기고 4㎝ 길이로 어슷썬다. 새우는 등의 내장을 제거한 후 물로 헹구고 물기를 닦는다.

2 프라이팬에 샐러드유 1큰술을 중불로 달군 후 감자를 넣고 뚜껑을 덮어 3분 정도 굽는다. 뒤집어서 뚜껑을 덮어 1분 정도 더 굽다가 아스파라거스를 넣는다. 다시 뚜껑을 덮고 약불로 1~2분간 익히다 꺼낸다.

3 프라이팬을 재빨리 씻어 물기를 닦고 샐러드유 $\frac{1}{2}$ 큰술을 두른 후 중불로 달궈 새우에 녹말가루를 얇게 묻혀 넣는다. 양면이 익어 색이 변하면 두반장을 넣고 볶는다. 청주 1큰술을 넣고 뚜껑을 덮어 30초 정도 익힌다. 설탕 1작은술, 간장 1큰술을 넣어 섞고, 감자와 아스파라거스를 넣어 함께 볶아낸다.

새우해시드포테이토

1인분 293kcal · 염분 1.4g

흐트러지기 쉬운 재료는 손으로 모양을 만들어 자리잡아준다.
표면을 바삭하게 구운 후에 재빨리 뒤집는다.

재료(2인분)

껍질 벗긴 새우	100g
감자	3개(약 350g)
그린아스파라거스	4개(약 150g)
반달썰기한 레몬	약간
소금, 후추, 샐러드유	

새우
감자
아스파라거스
메뉴 3 배

1 아스파라거스는 기둥을 잘라 아래 $\frac{1}{3}$의 껍질을 벗기고 길이를 반으로 자른다. 감자는 껍질을 벗기고 물에 씻어 물기를 닦는다. 새우는 등의 내장을 제거하고, 재빨리 헹궈 물기를 닦은 후 칼로 대충 다진다. 그릇에 슬라이서로 감자를 채썰어 넣고, 새우와 소금 $\frac{1}{4}$작은술, 후추 약간을 잘 섞는다.

2 프라이팬에 샐러드유 $\frac{1}{3}$큰술을 중불로 달구다가 아스파라거스를 넣고 뚜껑을 덮은 후 2분 정도 굽는다. 뒤집어서 1분 정도 더 굽다가 그릇에 담고 소금을 약간 뿌린다.

3 계속해서 프라이팬에 샐러드유 $1\frac{1}{2}$큰술을 두른 후 중불로 달구고 1의 감자와 새우를 씩 손으로 모양을 만들어 넓게 펴 넣는다. 2~3분 굽다가 색이 돌면 뒤집어서 2~3분간 더 굽는다. 아스파라거스 그릇에 담아 레몬을 곁들인다.

새우감자

1인분 213kcal · 염분 1.6g

새우와 아스파라거스는 먼저 볶은 후 다시 넣는다.
감자는 포슬포슬, 새우는 탱탱하게 적당히 끓인다.

재료(2인분)	
껍질 벗긴 새우	100g
감자	3개(약 350g)
그린아스파라거스	4개(약 150g)
육수	1컵
샐러드유, 청주, 소금, 흑통후추	

새우
감자
아스파라거스
메뉴 3배

1 감자는 껍질을 벗기고 4등분해서 썬 후 물에 10분 정도 담갔다가 물기를 턴다. 아스파라거스는 뿌리를 잘라 아래부터 $\frac{1}{3}$정도 껍질을 벗기고 4㎝ 길이로 썬다. 새우는 등의 내장을 제거하고 재빨리 헹궈 물기를 닦는다.

2 프라이팬에 샐러드유 $\frac{1}{2}$큰술을 둘러 센불에 달구고, 새우를 볶는다. 새우의 색이 변하면 아스파라거스를 넣고 뚜껑을 덮어 1분 정도 익힌 후 꺼낸다.

3 프라이팬을 재빨리 씻어 물기를 닦고, 감자와 육수를 넣어 중불에 끓이다가 청주 1큰술을 넣는다. 뚜껑을 덮고 약불로 6~7분간 끓이다가 소금 $\frac{1}{2}$작은술을 섞는다. 다시 뚜껑을 덮고 감자가 부드러워질 때까지 6~8분간 더 끓인다. 새우와 아스파라거스를 다시 넣고 한소끔 끓인 후 그릇에 담아 흑통후추를 적당히 뿌린다.

흰살생선조림

바닥이 평평하고 넓기 때문에 부서지기 쉬운 토막생선도
보기 좋게 완성할 수 있다. 큼직하게 썬 야채도 함께 끓이면 식감 충분.

1인분 283kcal · 염분 2.8g

재료(2인분)

흰살생선(황새치, 도미, 농어 등)		2토막
참마		200g
파		$\frac{2}{3}$개
붉은 고추		1개
A	설탕	$\frac{1}{2}$~1큰술
	청주, 미림, 간장	각 2큰술
	물	$\frac{2}{3}$컵

흰살생선
참마
파

메뉴 3배

1 참마는 불에 직접 그을려 털을 태우고 껍질을 벗기지 않은 상태에서 4㎝ 길이로 썬 후 세로로 6조각 낸다. 파는 3~4㎝ 길이로 썬다. 붉은 고추는 꼭지와 씨를 제거하고 어슷하게 반으로 썬다.

2 중불로 달군 프라이팬에 파를 넣고 도중에 뒤집어 양면에 색을 입혀 꺼낸다. 계속해서 프라이팬에 A와 붉은 고추를 넣어 중불로 끓이고, 흰살생선, 참마도 차례로 넣는다. 다 끓으면 뚜껑을 덮고 약불로 10분 정도 더 끓인다. 다시 파를 넣고 1~2분간 졸인다.

참마의 효능

참마에는 녹말과 당분이 많고 비타민B, B$_2$, C, 사포닌, 단백질의 흡수를 돕는 무친과 디아스타제라는 소화효소 등이 있어 소화불량이나 위장장애 등 위가 약한 사람에게 좋다. 또한 당뇨병 환자의 혈당을 낮추거나 머리를 맑게 하고, 가래를 가라앉히며 만성적인 장염 치료에도 도움이 된다.

흰살생선파된장돔부리

작게 썬 생선과 파가 쫀득할 때까지 볶는 것이 맛의 비결.
아삭아삭 참마와 함께 드세요.

1인분 544kcal · 염분 2.4g

재료(2인분)	
흰살생선(황새치, 도미, 농어 등)	2토막
참마	200g
파	$\frac{1}{3}$개
갈은 생강	1작은술
따뜻한 밥	적당히
참기름, 된장, 청주, 미림, 후추	

1 파는 얇게 둥글썰기 한다. 참마는 껍질을 벗기고 슬라이서로 가늘게 채쳐 그릇에 담고 부드러워질 때까지 잘 섞는다. 흰살생선은 1㎝ 길이로 썬다.

2 프라이팬에 참기름 $\frac{1}{2}$큰술을 중불로 달구고 흰살생선을 볶다가 익어서 색이 변하면 된장 2큰술을 넣고 함께 볶는다. 청주 1큰술을 섞은 후 생강과 미림 1큰술, 후추 약간을 넣고 볶는다. 파를 넣고 파가 다 익을 때까지 약불로 함께 볶는다. 그릇에 밥을 담고 참마, 흰살생선, 파, 된장을 얹는다.

흰살생선과 참마볶음

생선은 노릇하게 표면이 단단해지도록 구운 후 야채와 함께 볶는다.
고소한 맛과 색감이 살아 있다.

1인분 284kcal · 염분 1.0g

재료(2인분)

흰살생선(황새치, 도미, 농어 등)	2토막
참마	200g
파	$\frac{2}{3}$개
샐러드유, 청주, 소금, 후추	

1 파는 1.5㎝ 길이로 어슷썬다. 참마는 껍질을 벗기고 1㎝ 길이로 반달썰기 한다. 흰살생선은 2~3㎝ 크기로 깍둑썰기 한다.

2 프라이팬에 샐러드유 1큰술을 둘러 약불로 달구고 참마를 나란히 넣은 뒤 뚜껑을 덮어 2분 정도 굽는다. 뒤집어서 뚜껑을 덮고 2분 정도 더 굽다가 꺼낸다.

3 계속해서 프라이팬에 샐러드유 1작은술을 둘러 중불로 달구고 흰살생선, 파를 나란히 넣은 뒤 양면의 색이 변할 때까지 굽는다. 뚜껑을 덮고 약불로 1분 정도 익히다가 청주 1큰술을 넣는다. 참마를 다시 넣고 소금 $\frac{1}{3}$작은술, 후추 약간을 넣고 함께 볶는다.

모시조개와 브로콜리볶음

국물에 녹말가루를 살짝 섞은 후 전체에 묻힌다.
뭉치지 않게 걸죽하게 만든다.

1인분 99kcal · 염분 2.0g

재료(2인분)

모시조개(껍질째 해감한 것)	300g
브로콜리	대 $\frac{1}{2}$개(약 200g)
양파	$\frac{1}{2}$개

청주, 샐러드유, 소금, 후추,
녹말가루

모시조개
브로콜리
양파

메뉴 3배

1 모시조개는 깨끗이 씻어서 물기를 뺀다. 브로콜리는 작게 나누고 큼직한 것은 2~3등분 더 자른다. 줄기는 껍질을 두껍게 벗기고 먹기 쉽게 자른다. 양파는 1~2㎝ 크기로 깍둑썬다.

2 프라이팬에 모시조개와 청주 1큰술을 넣고 뚜껑을 덮어 중불에 익힌다. 조개입이 벌어지면 배어나온 국물과 함께 꺼낸다.

3 프라이팬을 재빨리 씻어 물기를 닦고 샐러드유 $\frac{1}{2}$큰술을 두른 후 중불로 달구다가 브로콜리를 볶고 물 $\frac{1}{2}$컵, 소금 $\frac{1}{4}$작은술, 후추 약간을 넣는다. 뚜껑을 덮고 약불로 1분 정도 굽는다. 양파를 넣어 섞은 후 뚜껑을 덮고 다시 30초에서 1분 정도 끓인다. 모시조개를 즙과 함께 다시 넣고, 동량의 물에 풀어 넣은 녹말가루 $\frac{1}{2}$큰술을 걸쭉하게 끓인다.

모시조개 카레 필라프

카레맛의 밥에 맛있는 모시조개와 브로콜리까지!
한 그릇에 OK인 재료가 가득한 필라프

1인분 436kcal · 염분 2.0g

재료(2인분)

모시조개(껍질째 해감한 것)	250g
브로콜리	$\frac{1}{2}$통(약 150g)
양파	$\frac{1}{2}$개
따뜻한 밥	2공기(약 300g)
카레가루	$1\frac{1}{2}$큰술
청주, 샐러드유, 소금, 간장	

1 모시조개는 깨끗이 씻어서 물기를 뺀다. 브로콜리는 작게 등분해 세로로 4~6등분 더 자른다. 줄기는 껍질을 두껍게 벗기고 각 8mm 두께로 자른다. 양파는 크게 다진다.

2 프라이팬에 모시조개, 브로콜리와 청주 1큰술을 넣고 뚜껑을 덮어 중불에 익힌다. 조개 입이 벌어지면 배어나온 즙과 함께 꺼낸다.

3 프라이팬을 재빨리 씻어 물기를 닦고 샐러드유 3큰술을 중불로 달군 후 양파를 볶는다. 숨이 죽으면 밥을 넣어 뒤적이며 볶고, 카레가루를 뿌려 섞는다. 모시조개, 브로콜리를 즙과 함께 넣고 소금 $\frac{1}{4}$작은술, 간장 약간을 넣어 알알이 흩어질 때까지 함께 볶는다.

모시조개 야채볶음

모시조개는 술로 찐 후 야채와 볶는다. 맛이 풍부한 국물을 넣어 더욱 맛있다.

1인분 130kcal · 염분 2.7g

재료 (2인분)

모시조개(껍질째 해감한 것)	250g
브로콜리	대 $\frac{1}{2}$통(약 200g)
양파	$\frac{1}{2}$개
굴소스	1~2큰술
청주, 샐러드유, 후추	

1 모시조개는 깨끗이 씻어서 물기를 뺀다. 브로콜리는 기둥 별로 나누고 큼직한 것은 2~3등분 더 자른다. 줄기는 껍질을 두껍게 벗기고 먹기 쉽게 자른다. 양파는 세로로 반씩 자르고 가로로도 1㎝ 폭으로 자른다.

2 프라이팬에 모시조개와 청주 1큰술을 넣은 후 뚜껑을 덮고 중불에 익힌다. 조개 입이 벌어지면 배어나온 즙과 함께 꺼낸다.

3 프라이팬을 재빨리 씻어 물기를 닦고 샐러드유 1큰술을 둘러 중불로 달궈 브로콜리를 볶다가 물 3큰술을 넣어 뚜껑을 덮고 1분 정도 끓인다. 양파를 넣어 섞은 후 뚜껑을 덮고 1분 정도 더 끓인다. 모시조개를 국물과 함께 넣고 굴소스와 후추 약간을 뿌려 함께 볶아낸다.

부추마파두부

두부를 넓게 펼쳐 넣어 익히기 쉽다. 매콤한 국물이 잘 익어 윤기나게 완성.

1인분 369kcal · 염분 3.6g

재료(2인분)		
두부		1모(350g)
다진 돼지고기		100g
부추		$\frac{1}{2}$단
생강		$\frac{1}{2}$쪽
마늘		$\frac{1}{2}$쪽
파		10cm
붉은 고추		1개
A	닭 육수(분말형)	1작은술
	간장, 청주	각 2큰술
	물	1컵
참기름, 녹말가루, 라유, 소금, 후추		

두부
다진 돼지고기
부추
메뉴 3배

1 두부는 1.5cm 크기로 깍둑썬다. 부추는 3cm 길이로 썬다. 생강은 껍질을 벗기고, 마늘, 파와 함께 다진다. A를 섞는다.

2 프라이팬에 참기름 $\frac{1}{2}$큰술을 둘러 중불로 달구고, 생강, 마늘, 붉은 고추를 볶는다. 향이 나면 다진 고기를 넣고 2~3분 정도 뒤적이며 볶다가 고기의 색이 변하면 A를 넣는다. 한소끔 끓으면 두부, 부추, 파를 넣고 2~3분 더 끓인다. 녹말가루 1큰술을 동량의 물에 개어 걸쭉하게 만든 후 라유, 소금, 후추를 조금씩 섞는다. 그릇에 담고 취향에 따라 라유를 뿌린다.

돼지고기두부된장볶음

다진 고기는 기름이 배어들 때까지 알알이 흩어지도록 볶다가
달달한 일본된장을 넣고 즙을 날려 맛이 확실하게 배게 한다.

1인분 336kcal · 염분 2.7g

재료(2인분)		
두부		1모(350g)
다진 돼지고기		100g
부추		$\frac{1}{2}$단
생강		$\frac{1}{2}$개
A	설탕, 일본된장 각 $\frac{1}{2}$큰술	
	청주	2큰술
	간장	2작은술
	녹말가루	1작은술
샐러드유		

1 부추는 1㎝ 길이로 자른다. 생강은 껍질을 벗기고 다진다. A를 섞는다.

2 프라이팬에 샐러드유 $\frac{1}{2}$큰술을 둘러 중불로 달군 후, 생강, 다진 고기를 넣고 고기를 뒤적이며 2~3분 정도 볶는다. 고기가 알알이 흩어지면 부추를 넣고 볶다가 전체에 기름이 돌면 A를 다시 넣고 섞는다. 전체에 잘 묻히며 1~2분 정도 함께 볶는다.

3 두부를 반으로 잘라 그릇에 담고 2를 얹는다.

두부참깨버거

두부는 물기가 없어야 한다.
참깨를 잔뜩 묻힌 표면이 노릇하게 익으면 뚜껑을 덮고 안까지 익힌다.

1인분 443kcal · 염분 2.0g

재료 (2인분)		
두부		$\frac{1}{2}$모(180g)
다진 돼지고기		100g
부추		$\frac{1}{2}$단
양파		$\frac{1}{4}$개
A	빵가루	5큰술
	간장, 참기름	각 1큰술
	청주	$\frac{1}{2}$큰술
참깨		적당히
소금, 후추, 샐러드유		

1 부추와 양파는 각각 적당히 다진다. 그릇에 두부, 다진 고기, 부추, 양파와 A를 넣고 점성이 생길 때까지 치댄다. 소금과 후추를 조금씩 뿌리고 6등분하여 작게 반죽을 만든 후 양면에 참깨를 묻힌다.

2 프라이팬에 샐러드유 1큰술을 둘러 중불로 달구고, 1을 나란히 넣어 3~4분간 굽는다. 노릇하게 색이 변하면 뒤집어서 뚜껑을 덮고 약불에서 3~4분 정도 더 익힌다.

튀긴 두부 탕수육

물에 녹인 녹말가루를 구석구석 발라 뭉치지 않기 때문에 실패하지 않는다!
소스의 부드러운 식감을 즐길 수 있는 건강 영양식!

1인분 298kcal · 염분 3.3g

재료(2인분)		
튀긴 두부		1모(200g)
꼬투리강낭콩		10개(약 70g)
만가닥버섯		1팩(100g)
A	설탕, 토마토케첩	각 3큰술
	식초	2큰술
	간장, 청주	각 1큰술
	닭 육수(분말형)	1작은술
	소금	$\frac{1}{4}$작은술
	후추	약간
	물	$\frac{1}{2}$컵
샐러드유, 녹말가루		

튀긴 두부
꼬투리강낭콩
만가닥버섯
메뉴 3배

1 튀긴 두부는 2~3㎝로 깍둑썬다. 꼬투리강낭콩은 꼭지를 자르고, 3㎝ 길이로 썬다. 만가닥버섯은 기둥을 자르고 풀어헤친다. A를 섞는다.

2 프라이팬에 샐러드유 $\frac{1}{2}$큰술을 둘러 중불로 달구고, 튀긴 두부, 강낭콩, 만가닥버섯을 볶는다. 전체에 기름이 돌면 A를 넣고 섞는다. 한소끔 끓으면 녹말가루 2작은술을 동량의 물에 개어 걸쭉하게 만든 것을 섞어 넣고 1~2분간 끓인다.

튀긴 두부 간장스테이크

마늘을 볶아 향을 낸 기름에, 튀긴 두부를 먹음직스럽게 굽는다.
빈곳에 야채를 함께 볶는다.

1인분 310kcal · 염분 2.7g

재료(2인분)	
튀긴 두부	1모(200g)
꼬투리강낭콩	10개(약 70g)
만가닥버섯	1팩(100g)
마늘	1개
올리브유	$1\frac{1}{2}$큰술
간장, 버터	

1 튀긴 두부는 길게 6등분하여 썬다. 꼬투리강낭콩은 꼭지를 자르고 길이를 반으로 썬다. 만
가닥버섯은 기둥을 자르고 풀어헤친다. 마늘은 가로로 얇게 편썬다.

2 프라이팬에 올리브유, 마늘을 중불로 달구고 1~2분간 볶는
다. 마늘이 노릇해지면 기름을 남겨두고 꺼낸다. 이어서 튀긴
두부를 나란히 넣고, 빈 공간에는 꼬투리강낭콩, 만가닥버섯을 넣
는다. 튀긴 두부의 양면을 2~3분씩 구우며 꼬투리강낭콩과 만가닥
버섯을 볶는다. 간장 2큰술, 버터 1큰술을 첨가하여 전체에 묻힌
다. 그릇에 담아 마늘을 뿌리고 프라이팬에 남은 국물을 끼얹는다.

튀긴 두부와 강낭콩 일식카레

멘쯔유에 카레루를 가미한 일식우동집 스타일의 카레맛.
튀긴 두부를 겹치지 않게 나란히 익힐 수 있어 빨리 만들 수 있다.

1인분 303kcal · 염분 3.4g

재료(2인분)

튀긴 두부	1모(200g)
꼬투리강낭콩	10개(약 70g)
만가닥버섯	1팩(100g)
시판 카레루	50g
시판 멘쯔유	$\frac{1}{2}$컵

* 멘쯔유가 없으면 시판 국시장국
을 사용하셔도 좋습니다.

1 튀긴 두부는 반으로 자른 후 다시 1㎝ 폭으로 자른다. 강낭콩은 꼭지를 자르고 5㎝ 길이로 어슷썬다. 만가닥버섯은 기둥을 자르고 풀어헤친다. 카레루는 으깬다.

2 프라이팬에 멘쯔유와 물 $\frac{2}{3}$컵을 넣고 중불로 달구다가 끓으면 튀긴 두부, 강낭콩, 만가닥버섯을 넣는다. 한소끔 끓으면 카레루를 넣고 섞으며 2~3분 더 끓인다.

달걀치즈포테이토

감자를 볶은 후 모양을 둥글게 만들어 달걀을 퐁당!
치즈를 얹은 후 뚜껑을 덮고 쫀득하게 녹인다.

1인분 398kcal · 염분 2.6g

재료(2인분)

달걀	2개
감자	2개(약 300g)
게맛살	10~12개(약 120g)
모짜렐라치즈	40g
버터, 소금, 후추	

달걀
감자
게맛살

메뉴 3배

1 감자는 껍질을 벗기고 4~5㎝ 길이로 채썬다. 게맛살은 얇게 찢는다.

2 프라이팬에 버터 2큰술을 중불로 녹이고, 감자, 게맛살을 볶는다. 전체에 기름기가 돌면 소금, 후추를 조금씩 뿌린다. 반씩 나눠 납작하고 둥글게 펼쳐 가운데를 움푹하게 만들고 달걀을 하나씩 깨뜨려 넣는다. 뚜껑을 덮고 약불로 5~6분간 익힌다. 흰자가 단단해지면 치즈를 펴서 얹고 뚜껑을 덮은 후 치즈가 녹을 때까지 2~3분 정도 익힌다.

달걀의 효능

달걀은 완전식품으로 불릴 정도로 좋은 영양소들을 가지고 있다. 그중 흰자는 순수 단백질 함량이 높아 양질의 단백질을 얻을 수 있으며 성장에 필요한 필수 아미노산이 모유 다음으로 높다고 한다. 열량 또한 낮아 소화흡수가 잘 되고, 비타민C를 제외한 13종의 비타민, 탄수화물, 무기질 등이 골고루 들어 있어 뼈를 튼튼하게 하며, 노른자의 콜린은 두뇌의 신경 전달 물질인 아세틸콜린을 생산하는 작용을 해 성장기 아이는 하루 1개, 임산부는 2개 정도 먹어두면 좋다고 한다. 하지만 흰자와는 달리 노른자에는 지방이 많아 과잉섭취는 금물이다.

감자 오코노미야키

양이 많은 반죽은 4등분 하면 빨리 익고
뒤집개로 쉽게 뒤집을 수 있다.

1인분 **431kcal** · 염분 **3.1g**

재료(2인분)	
달걀	2개
감자	2개(약 300g)
게맛살	10~12개(약 120g)
파	10cm
일식 육수(분말형)	$\frac{1}{2}$작은술
밀가루, 샐러드유, 돈까스소스, 마요네즈	

1 감자는 껍질을 벗기고 8mm 크기로 깍둑썬다. 게맛살은 1cm 폭으로 썬다. 파는 큼직하게 다진다. 그릇에 달걀을 풀고 감자, 게맛살, 파, 분말육수와 밀가루 2큰술을 넣고 잘 섞는다.

2 프라이팬에 샐러드유 1큰술을 약불로 달구고, 1을 $\frac{1}{4}$씩 둥글게 모양을 만들며 넓게 펼쳐 넣는다. 색이 날 때까지 3~4분간 굽다가 뒤집는다. 윗면을 뒤집개로 누른 후 뚜껑을 덮고 4~5분 정도 더 굽는다. 그릇에 담아 돈까스소스, 마요네즈를 적당히 뿌린다.

달걀맛살감자

일식 조림국물이 스며든 곳에 달걀을 가운데부터 풀어 넣는다.
적당히 익으면 걸쭉한 반숙 완성.

1인분 288kcal · 염분 3.8g

재료(2인분)

달걀		3개
감자		2개(약 300g)
게맛살		7~8개(약 80g)
A	육수	1컵
	설탕, 간장	각 1큰술
	청주	2큰술
	소금	$\frac{1}{2}$작은술
녹말가루		

1 감자는 껍질을 벗기고 7~8㎜ 두께로 반달썰기 한다. 맛살은 2~3㎝ 길이로 어슷하게 썬다. 달걀은 풀어헤친다.

2 프라이팬에 A를 넣고 중불로 달군 후 감자를 넣고 뚜껑을 덮어 4~5분간 끓인다. 감자가 부드러워지면 게맛살과 녹말가루 $\frac{1}{2}$큰술을 동량의 물에 개어 만든 녹말물을 넣고 한소끔 끓인다. 달걀물을 젓가락으로 휘저어가며 넣고 반숙 상태가 될 때까지 익힌다.

고명조림 야키소바　　　나폴리탄 야끼소바　　　짬뽕소바

프라이팬 완결자

한 그릇 면요리

런치나 브런치, 야식 등에 등장할 기회가 많은 면요리!

손쉽게 만들 수 있는 면이 프라이팬만의 비법을 사용하면 한층 더 간단하고 빨리 만들어진다!

볶음우동이나 국수, 비빔면 등 인기메뉴의,

재료의 어우러짐이나 맛의 아이디어에도 주목!

고명조림 야키소바

면을 살짝살짝 누르며 구우면 겉은 바삭&안은 촉촉.
고명과 어우러져 외식에 뒤지지 않는 일품요리가 된다.

174

재료(2인분)		
야키소바용 중화면		2개
얇게 썬 돼지고기		100g
부추		$\frac{1}{3}$단(약 30g)
갈은 생강		1개
A	굴소스	$\frac{1}{2}$큰술
	닭 육수(과립형)	1작은술
참기름, 샐러드유, 간장, 녹말가루, 겨자		

1 돼지고기는 2㎝ 폭으로 썬다. 부추는 3㎝ 길이로 자른다. 가지는 꼭지를 따고 세로로 4등분하여 자른 후 다시 5㎜ 폭으로 썬다.

2 면은 4등분으로 나눈다. 프라이팬에 참기름 2큰술을 중불로 달구고, 면을 나란히 넣는다. 뒤집개로 눌러가며 양면을 노릇하게 구워 그릇에 담아낸다.

3 같은 프라이팬에 샐러드유 $\frac{1}{2}$큰술을 중불로 달구고 생강, 돼지고기, 가지를 순서대로 볶는다. A와 물 1컵을 더 넣고, 끓으면 약불로 5분간 더 끓인다.

4 부추를 넣고 한소끔 끓인 후 간장 1작은술을 뿌린다. 녹말가루 1작은술을 물 $\frac{1}{2}$큰술에 개어 만든 녹말물을 면에 뿌리고 겨자를 적당히 첨가한다.

크리미카레우동

1인분 424kcal · 염분 3.5g

지름이 넓은 프라이팬으로 언 우동면과 재료를 한 번에 익힐 수 있다.
두유를 첨가한 순한 맛도 자신만만

재료(2인분)	
냉동우동	2개
닭가슴살	50g
파	$\frac{1}{2}$개
생표고버섯	3개
두유	1컵
시판 멘쯔유	$\frac{1}{4}$컵
시판 카레루	30g
무순, 소용돌이 어묵	약간씩

1 닭고기는 1.5cm 크기로 깍둑썬다. 파는 3cm 폭으로 어슷썬다. 표고버섯은 기둥을 떼고 1cm 폭으로 포를 뜬다. 무순은 뿌리를 자르고 어묵은 얇게 둥글썰기 한다.

2 프라이팬에 멘쯔유 2컵을 넣고 중불로 끓이다가 무순을 살짝 넣었다 꺼낸다. 얼어 있는 우동면과 닭가슴살, 파, 표고버섯을 넣고 다시 끓이다가 약불로 3분간 더 끓인다.

3 두유를 붓고, 끓어오르면 카레루를 넣고 섞으며 녹인다. 걸쭉해지면 그릇에 담고 무순과 어묵을 얹는다.

된장비빔면

1인분 558kcal · 염분 3.8g

삶은 면에 샤샥 볶은 재료를 얹기만 하면 된다.
매콤달콤하게 된장으로 양념한 고기에 갓의 짭짤한 맛이 어우러져 젓가락이 멈추지 않는 맛.

재료(2인분)

중화생면		2개
다진 돼지고기		100g
갓절임		60g
오이		1개
마늘		1개
A	두반장	1작은술
	설탕	$\frac{1}{2}$작은술
	일본 된장	1큰술
	청주	$\frac{1}{2}$큰술
참기름		

1 오이는 얇게 어슷썬 후 채썬다. 절인 갓은 썩둑썩둑 썬다. 마늘은 다진다. A는 잘 섞는다.

2 프라이팬에 4~5cm 높이의 물을 끓여 면을 봉지의 표시대로 삶는다. 물기를 빼고 그릇에 담아 참기름으로 비벼둔다.

3 프라이팬을 닦아 참기름 1큰술을 두른 뒤 중불로 달구고 마늘과 돼지고기를 볶는다. 고기가 익어 색이 변하면 갓절임을 재빨리 볶은 뒤 다시 A를 넣고 맛이 배도록 볶는다. 면에 오이와 고기를 얹고 전체를 잘 비벼 먹는다.

나폴리탄 야끼소바

1인분 540kcal · 염분 3.2g

풀어헤치기 힘든 면은 재료와 함께 찐 후 볶으면 편하다.

케첩맛 야끼소바는 스파게티에 뒤지지 않는 맛!

재료(2인분)

야끼소바용 중화찜면		2개
방울토마토		10개
양파		$\frac{1}{2}$개
피망		1개
비엔나소시지		2개
가공치즈		30g
A	토마토케첩	2큰술
	굴소스	1큰술
	소금, 간장	약간씩
샐러드유		

1 양파는 세로로 얇게 썬다. 피망은 꼭지와 씨앗을 제거하고 3mm 폭으로 둥글썰기 한다. 방울토마토는 꼭지를 제거하고 세로로 반 썬다. 소시지는 어슷하게 5mm 폭으로 썬다. 치즈는 5mm 크기로 깍둑썰기 한다.

2 프라이팬에 샐러드유 1큰술을 두른 후 중불로 달구고 양파, 피망, 소시지를 재빨리 볶는다. 면을 나란히 넣고 물 1큰술을 뿌려 뚜껑을 덮고 약불로 2분 정도 익힌다.

3 면을 젓가락으로 풀고 중불에서 방울토마토를 얹어 재빨리 섞는다. A를 넣어 전체적으로 비빈 후 치즈를 첨가해 한 번 더 섞는다.

까르보우동

1인분 388kcal · 염분 2.0g

적은 물로 우동과 재료를 동시에 데쳐 시간과 수고를 대폭 단축.
통통한 우동면에 진한 소스가 잘 어울린다!

재료(2인분)

냉동우동		2개
팽이버섯		$\frac{1}{2}$봉(50g)
베이컨		2장(약 30g)
달걀 노른자		2개
A	치즈가루, 참깨, 우유	각 1큰술
	간장	1작은술
	소금	약간
흑통후추		

1 팽이버섯은 뿌리를 잘라내고 길이를 반으로 자른다. 베이컨은 1cm 길이로 썬다. 그릇에 달걀 노른자와 A를 섞는다.

2 프라이팬에 5cm 높이의 물을 끓여 냉동우동, 팽이버섯, 베이컨을 넣고 2분가량 데친다. 함께 물기를 빼고 1의 그릇에 담아 걸쭉해질 때까지 전체를 비빈다. 그릇에 담아 흑통후추를 약간 뿌린다.

짬뽕소바

1인분 319kcal · 염분 2.5g

수프, 고명, 소바 등 한 번에 모든 재료를 익힐 수 있어 만족!
양배추의 단맛이 충분히 베어들어 부드러운 맛.

재료(2인분)

재료		분량
온면		2개
냉동시푸드믹스		1컵
양배추		1장
목이버섯		2~3개(약 2g)
채 썬 생강		적당히
A	다시마차	1작은술
	소금	$\frac{1}{4}$~$\frac{1}{3}$작은술
	후추	약간
샐러드유, 녹말가루, 참기름		

1 목이버섯은 끓는 물에 넣어 부드럽게 풀고 먹기 쉽게 자른다. 양배추는 한입 크기로 썩둑썩둑 썬다.

2 프라이팬에 샐러드유 1큰술을 두른 뒤 중불로 달구어 얼어 있는 시푸드믹스, 양배추, 목이버섯을 순서대로 볶는다. 기름기가 돌면 A와 물 3컵을 넣어 한소끔 끓인 후 면을 추가로 넣고 가볍게 저어주면서 데운다. 녹말가루 2작은술을 물 1$\frac{1}{2}$큰술에 갠 녹말물에 참기름 $\frac{1}{2}$작은술을 뿌린다. 그릇에 담아 생강을 얹는다.

모시조개국수

1인분 341kcal · 염분 4.8g

끓인 국물에 소면을 그대로 넣기만 하면 된다.
면을 데치는 수고가 생략되고, 맛이 듬뿍 밴 국물을 빨아들여 맛있다!

재료(2인분)

소면	150g
닭가슴살	1개
셀러리	$\frac{1}{3}$개
방울토마토	5~6개
모시조개(껍질째 해감한 것)	200g
남푸라	2작은술
샐러드유, 청주, 후추	

1 모시조개는 잘 씻어서 물기를 제거한다. 닭가슴살은 힘줄을 제거하고 2㎜ 폭으로 어슷썬다. 셀러리는 잎을 떼고 줄기는 얇게 어슷썬다. 방울토마토는 꼭지를 떼고 세로로 반으로 자른다.

2 프라이팬에 샐러드유 1큰술을 둘러 중불로 달구고 닭가슴살을 재빨리 볶는다. 모시조개를 넣고 청주 1큰술을 뿌린 후 뚜껑을 덮고 3분 정도 익힌다.

3 남푸라와 물 3컵을 더 붓고 끓으면 셀러리 줄기와 방울토마토를 넣는다. 소면을 반으로 나눠 전체에 골고루 퍼지도록 넣고 2분 정도 끓인다. 후추를 약간 뿌리고 그릇에 담아 셀러리 잎을 얹는다.

에스닉풍 브로콜리

이소베치즈 토스트

양송이 갈릭조림

프라이팬으로 만드는

퀵안주

가볍게 먹을 만한 안주거리가 뭐 없을까?

그럴 때는 프라이팬을 활용하자

프라이팬 하나로 냉장고나 찬장의 상비재료가 센스 있는 일품요리로 대변신.

맥주나 와인을 마시면서 만들 수 있어 더 간편하다.

에스닉풍 브로콜리

스틱유부

표고버섯 미니그라탕

데치고 볶는 작업을 프라이팬 하나로.
꽃새우 & 남푸라의 향이 입맛을 당긴다.

에스닉풍 브로콜리

1인분 64kcal · 염분 0.4g

재료(2인분)

브로콜리	½통
꽃새우	1큰술(약 2g)
남푸라	½작은술
버터	후추

1 브로콜리는 작게 나눈다. 줄기는 1.5 ㎝ 폭으로 둥글썰기 하고, 껍질을 두껍게 벗겨 세로로 반씩 자른다. 프라이팬에 3㎝ 높이의 물을 끓여 브로콜리를 1분 정도 데친 후 물기를 뺀다.

2 프라이팬을 닦고 버터 1큰술을 중불에 녹인다. 브로콜리와 꽃새우를 재빨리 볶고 남푸라와 후추를 약간 뿌린다.

유부를 스틱 모양으로 잘라 굽기만 해도
스낵처럼 바삭바삭한 식감이 Good!

스틱유부

1인분 79kcal · 염분 0.2g

재료(2인분)

유부(얇은 것)	1장
소금, 마요네즈, 시치미	

유부는 세로로 8등분한다. 프라이팬을 센 중불로 가열하고 유부를 나란히 넣는다. 중간에 뒤집어가며 바삭해질 때까지 계속 굽는다. 마요네즈에 시치미를 약간 뿌려 곁들여 낸다.

표고버섯을 구운 후 찌면 촉촉한 즙을
즐길 수 있다.

표고버섯 미니그라탕

1인분 70kcal · 염분 0.7g

재료(2인분)

생표고버섯	4개
햄	1장
모짜렐라치즈	2큰술
올리브유(혹은 샐러드유)	적당히
소금, 후추	

1 표고버섯은 기둥을 떼어낸다. 햄은 5㎜ 크기로 깍둑썰기한다.

2 프라이팬에 올리브유를 얇게 둘러 중불로 달구고 표고버섯의 양면을 재빨리 굽는다. 표고버섯의 안쪽을 위로 해서 소금, 후추를 약간 뿌리고 햄과 치즈를 얹는다. 뚜껑을 덮고 치즈가 녹을 때까지 약불로 굽는다.

게맛살 춘권

구운 참마와 연근

이소베치즈토스트

김포테이토

라이스페이퍼를 감을 때는 소량의 물로
구석구석 적신 프라이팬을 추천!

게맛살 춘권

재료(2인분)

춘권피	2장
게맛살	4개
아보카도	$\frac{1}{4}$개
A 마요네즈	2큰술
A 검은깨	1작은술
A 레몬즙, 간장 각	$\frac{1}{2}$작은술

1 아보카도는 껍질을 벗기고 세로로 4등분한다. A는 섞는다.

2 도마에 젖은 행주를 넓게 편다. 프라이팬에 2㎝ 높이의 물을 중불에 따뜻할 정도로 데운다. 라이스페이퍼 1장을 30초가량 넣었다가 젖은 행주에 올린다. 앞쪽에 게맛살과 아보카도를 절반씩 길게 얹고 피 끝의 좌우를 접어 반대편까지 돌돌 만다. 똑같이 한 장 더 말아서 먹기 좋게 썰어 그릇에 담고 A를 곁들인다.

먹음직스럽게 구우면 아삭아삭+
촉촉! 독특한 식감이 살아 있다.

구운 참마와 연근

재료(2인분)

참마	3cm
연근	3cm
올리브유	1작은술
소금, 흑통후추	

1 연근은 껍질을 벗기고 1㎝ 폭으로 둥글썰기 한다. 참마는 잘 씻어서 껍질째 둥글썰기 한다.

2 프라이팬에 올리브유를 두른 후 중불로 달구고 소금을 약간 뿌린다. 연근과 참마를 나란히 넣고 양면을 먹음직스럽게 굽다가 흑통후추를 적당히 뿌린다.

겉은 바삭바삭 안은 촉촉.
김+치즈의 궁합에 주목!

이소베치즈토스트

재료(2인분)

식빵(샌드위치용)	1장
슬라이스치즈	1장
구운 김	$\frac{1}{4}$장
버터, 간장, 이치미(일본 고춧가루)	

1 빵, 치즈, 김은 4등분하여 자른다.

2 프라이팬에 버터를 약간 넣어 중불로 달구고 빵을 나란히 넣는다. 노릇해지면 뒤집어서 반대편에 간장을 약간 바르고 치즈와 김을 순서대로 올린다. 뚜껑을 덮고 치즈가 녹을 때까지 굽다가 이치미를 약간 뿌린다.

냉동감자를 프라이팬에 구우면
바삭하고 절묘한 맛이 일품!

김포테이토

재료(2인분)

냉동감자튀김	150g
파래김	적당히
소금	

프라이팬을 중불로 달구고 감자튀김을 언 채로 넣어 뚜껑을 닫는다. 가끔 전체를 볶듯이 흔들어주고 색이 돌면 파래김과 소금을 약간 뿌린다.

미니아메리칸도그

양송이 갈릭조림

칠리어묵

사사미 다다키

사사미 다다키

끓는 물에 사사미를 데쳐 참기름을 살짝. 이자카야의 맛이 5분이면 완성!

1인분 84kcal · 염분 0.5g

재료(2인분)

닭 사사미(힘줄 제거)	2장
파, 생강채	각각 적당히
참기름, 간장	

1 프라이팬에 2㎝ 높이의 물을 끓여 닭 가슴살을 넣고 30초 정도 데친다. 찬물에 씻어 물기를 닦고 한입 크기로 자른다. 그릇에 담아 파와 생강을 얹는다.

2 프라이팬을 닦고 참기름 $\frac{1}{2}$큰술을 두른 뒤 중불로 달군다. 1에 끼얹고 간장을 적당히 얹는다.

미니아메리칸도그

작은 프라이팬이라면 빨리 익고 높이도 적당. 부드러운 식감의 그리운 옛맛.

1인분 329kcal · 염분 1.7g

재료(2인분)

핫케익믹스	$\frac{1}{2}$봉(75g)
달걀	$\frac{1}{2}$개 분량
우유	$\frac{1}{4}$컵
비엔나소시지	3개
프로세스치즈	30g
취향에 따라 토마토케첩	

1 소시지는 어슷하게 반으로 썬다. 치즈는 8㎜로 깍둑썬다. 그릇에 핫케익 믹스, 달걀, 우유를 넣고 가볍게 섞는다.

2 프라이팬을 중불로 달구고 핫케익 반죽을 넣는다. 방사선 모양으로 소시지를 올려놓고 빈곳에 치즈를 끼워 넣듯 얹는다.

3 반죽 주위가 바삭해지면 뒤집어서 부드럽게 굽는다(젓가락을 찔러보고 아무것도 묻어나지 않으면 OK). 먹기 좋게 자르고 취향껏 토마토케첩을 적당히 뿌린다.

양송이 갈릭조림

향이 풍부한 오일로 조린 스페인의 인기 안주. 작은 프라이팬이라면 기름이 적게 들어 좋다.

1인분 66kcal · 염분 0.5g

재료(2인분)

양송이		1팩(8~10개)
	마늘	1개
	붉은 고추	1개
A	올리브유	2~3큰술
	소금	약간
레몬즙, 레몬조각		각각 적당히
흑통후추		

1 마늘은 가로로 3㎜ 폭으로 썬다. 붉은 고추는 꼭지와 씨앗을 제거하고 반으로 찢는다.

2 프라이팬에 A를 넣고 약불로 구워 향이 나면 양송이버섯을 넣고 숨이 죽을 때까지 볶다가 흑통후추를 살짝 뿌린다. 그릇에 담아 레몬즙을 뿌리고 레몬조각을 곁들인다.

칠리어묵

소량의 칠리소스를 태우지 않고 구석구석 묻히는 것이 포인트!

1인분 72kcal · 염분 1.1g

재료(2인분)

어묵		작은 것 2개
	두반장	$\frac{1}{4}$작은술
A	다진파	1큰술
	다진 생강과 마늘	약간씩
	토마토케첩	$1\frac{1}{2}$큰술
B	청주	1작은술
	설탕	약간
참기름		

1 어묵은 길이를 반으로 자르고 다시 어슷하게 반으로 썬다.

2 프라이팬에 참기름 1작은술을 두른 뒤 중불로 달구고 A를 볶는다. 향기가 나면 B를 넣은 후 끓어오르면 어묵을 넣고 전체에 골고루 묻힌다.

프라이팬으로도 냄비로도 쓸 수 있는 다용도를 원한다면 이런 제품은 어떠세요?

멀티팬으로 활용 가능하면서 품질도 뛰어나 1 ~ 2인분의 음식을 준비할 때나 4인분 이상의 음식을 준비할 때 각각 용도에 맞게 적합한 제품을 골라 알뜰하게 사용할 수 있습니다.

셰프라인 비비드 세라믹 냄비 · 프라이팬

셰프라인 비비드 세라믹 냄비, 프라이팬은 까다롭기로 유명한 독일 LFGB 테스트와 미국 FDA기준을 무사히 통과한 친환경 웰빙 제품입니다. 통 주물로 제조되어 열 전도율이 좋은 만큼 음식이 잘 타지 않고 눌러 붙지 않으며 도자기와 같은 세라믹원료에서 방출되는 음이온, 원적외선에 의해 음식이 더욱 맛있게 조리됩니다. 또한 일반 불소코팅과 달리 PFOA, PFOS와 같은 유해물질이 전혀 검출되지 않고 약 5배까지 경도와 강도가 좋아 사용수명이 길고 위생적으로 사용할 수 있습니다. 특히 일라이트 lillite 천연광물질을 포함한 셰프라인만의 세라믹코팅은 일반 세라믹코팅보다 4배나 고운 1200메시의 미립자로 코팅되어 내산성, 내알칼리성이 뛰어나 식초나 토마토 소스를 많이 사용하는 서양요리에도 안심하고 사용하실 수 있고 짜고 매운 한국 음식에도 안성맞춤이니 걱정 없이 다용도로 활용하기 좋은 제품입니다. 세련된 컬러의 산뜻한 프라이팬으로 오늘 맛있는 요리에 도전해보세요!

16cm 편수(노랑) · 18cm 편수(분홍) · 20cm 양수(연두) · 22cm 양수(파랑) · 24cm 전골(빨강) · 24cm 양수(주황)

www.chefline.co.kr   고객센터 1566-0719   셰프라인 ®

재료의 밑손질 책에 나오는 재료의 밑손질을 알기 쉽게 사진과 글로 설명한다.

꽁치

밑처리를 한다

도마에 신문지를 깔고 꼬리에서 머리 쪽으로 칼로 비늘을 긁어 낸다. 뒤쪽도 같은 방법으로 한다. 머리를 왼손으로 잡고 아가미와 몸통 사이에 칼을 수직으로 넣어 머리를 잘라낸다.

통썰기

밑손질을 한 꽁치의 꼬리를 제거하고 3~4등분으로 자른다. 손을 넣어 몸통 속 내장을 제거하고 씻어서 물기를 닦는다.

반으로 잘라 굽는 경우

석쇠나 그릴이 작을 경우에는 몸통지느러미 부근에서 비스듬히 반으로 자른 후 소금을 뿌려 굽는다.

토막생선

데친다

토막 낸 생선을 열탕하거나 끓는 물에 데침으로써 표면만 살짝 서리가 내린 듯 하얀 상태로 만든다. 이렇게 하면 비린내가 빠지고 맛이 보존된다.

가시를 제거한다

가시가 붙어 있는 조각은 칼을 눕혀 넣어 도려내듯이 잘라낸다. 소테 등 단시간에 잘 익히고 싶을 때.

조개

소금물에 담근다

그릇의 조개 표면이 수면에 살짝 올라올 정도로 물을 넣고, 소금(물 1컵당 2작은술이 적당)을 넣는다. 차갑고 어두운 곳에 30분 이상 두고 해감한다.

더러움을 씻는다

소금물에서 꺼내 물속에 담가 씻는다. 껍질끼리 서로 비비며 여러 차례 물을 갈아주며 지저분한 것을 씻어내고 물기를 털어낸다.

새우

내장 제거

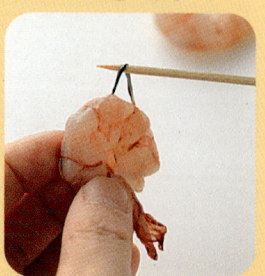

등의 마디에 이쑤시개를 넣어 검은 내장을 천천히 끄집어낸다.

정어리

내장을 제거한다

꽁치 밑손질과 같은 방법으로 비늘을 긁고 머리를 자른다. 배를 폭 1cm 정도 비스듬히 잘라내고 칼끝으로 내장을 도려낸 뒤 씻어 물기를 닦는다.

돼지고기

힘줄을 자른다

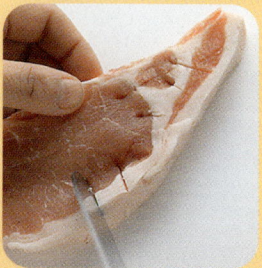

지방과 살코기 사이에 칼끝을 넣어 7~8군데 칼집을 넣는다. 이렇게 하면 살이 수축하는 것을 막고 잘 익는다.

닭가슴살 사사미

힘줄을 제거한다

힘줄(하얀 부분)을 아래쪽으로 놓는다. 칼끝을 힘줄과 살코기 사이에 넣은 뒤 한 손으로 힘줄을 잡고 칼을 살짝 움직여 당긴다.

닭넓적다리살 · 닭가슴살

불필요한 지방을 제거한다

껍질과 살코기 사이에 있는 불필요한 지방을 칼로 도려낸다. 이렇게 하면 재료가 깔끔하게 손질된다.

힘줄을 자른다

껍질을 아래쪽으로 놓고 1cm 간격으로 살짝 칼집을 넣는다. 익을 때 수축을 막는다.

저민다

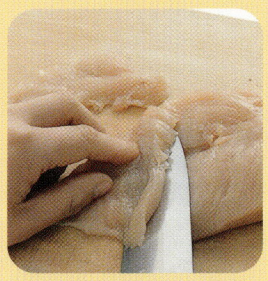

껍질을 아래쪽으로 놓고 고기의 두께가 균일해지도록 칼을 비스듬히 넣어 저며내듯 자른다.

두께를 균일하게 한다

가운데에서 두께의 절반까지 세로로 한번 칼집을 넣는다. 두툼한 살코기 부분에 바깥쪽을 향해 칼을 눕혀 넣고 두께가 일정하도록 한 장씩 벌린다.

닭날개

칼집을 넣는다

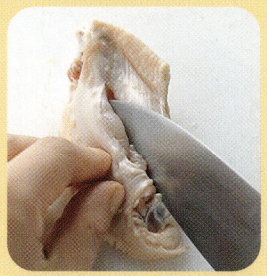

껍질을 아래쪽으로 놓고 뼈와 뼈 사이에 수직으로 칼집을 넣으면 맛이 잘 베어든다.

토마토

끓는 물에 데친다

꼭지를 제거하고 꼭지 반대편에 살짝 칼집을 한 개 넣는다. 끓는 물에 넣어 껍질이 벗겨지면 얼음물에 담근다. 칼집을 넣은 곳부터 껍질이 벗겨진다.

불에 구워 껍질을 벗긴다

꼭지를 따고 끓는 물에 데칠 때와 마찬가지로 칼집 하나를 넣고 꼭지 부분을 포크로 찍는다. 불에 구워 껍질이 벗겨지기 시작하면 얼음물에 담가 껍질을 벗긴다.

꼬투리 콩

꼭지와 줄기를 벗긴다

꼬투리 콩 종류는 꼭지 부분을 자른 후 끝부분부터 줄기를 그대로 당겨 단숨에 양쪽 줄기를 벗긴다.

토란

씻는다

물속에서 토란끼리 서로 문질러 흙을 털어낸다.

육각, 팔각으로 벗긴다

먼저 위아래를 자른 후 절단 면부터 세로로 같은 폭으로 6면, 8면이 되도록 벗긴다.

점액을 제거한다

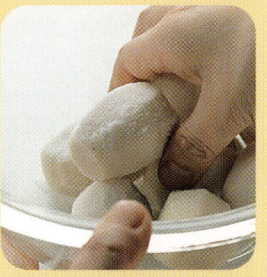

껍질을 벗긴 토란을 그릇에 넣고 소금(토란 600g당 ½큰술이 적당)을 뿌린다. 표면에 점액에 나올 때까지 잘 문지른다.

물로 점액을 씻어낸다. 토란조림 등의 소박한 조림시에는 미리 데쳐내지 않아도 된다.

양하

심을 제거한다

세로로 반으로 잘라 뿌리의 심 부분에 V자로 칼집을 넣어 심을 잘라낸다. 심을 제거하면 깔끔하게 채썰기를 할 수 있다.

뿌리채소 · 감자류

쓴맛을 뺀다

자르자마자 물에 담가 쓴맛을 뺀다. 연근 등 색을 예쁘게 내고 싶을 경우에는 물 2컵당 식초 $\frac{1}{2}$작은술을 넣은 식초물에 담근다.

셀러리

줄기를 제거한다

표면의 줄기는 식감이 좋지 않으니 제거한다. 뿌리에 칼을 살짝 넣어 줄기를 끝까지 당긴다. 필러를 사용해도 된다.

가지

쓴맛을 뺀다

자른 채 놔두면 절단면이 변색된다. 바로 사용하지 않을 경우나 색을 예쁘게 내고 싶을 때는 먹기 직전까지 물에 담아 쓴맛을 제거하고 물기를 닦은 후 조리한다.

죽순

데친다

물로 씻어 이삭 부분을 비스듬하게 잘라낸다

세로로 깊이 1~1.5cm 칼집을 한군데 넣는다. 이렇게 하면 잘 익고 껍질도 잘 벗겨진다.

냄비에 죽순과 물을 충분히 넣고, 죽순 2개당 꼭지와 씨앗을 제거한 홍고추 2개와 쌀 2큰술(혹은 쌀겨$\frac{1}{2}$컵)을 넣는다. 중불에 올려놓고 뿌리를 찔렀을 때 젓가락이 잘 들어갈 때까지 약 1시간 정도 삶는다.

삶은 물에 담근 채 식힌 후 잘 씻어서 껍질을 벗긴다. 보관할 경우에는 밀폐용기에 잠길 정도(죽순 표면이 수면 위로 나오지 않을 정도)의 물과 함께 넣고 매일 물을 갈아준다. 냉장고에서 3~4일까지 보관 가능하다.

그린아스파라거스

꼭지와 껍질을 벗긴다

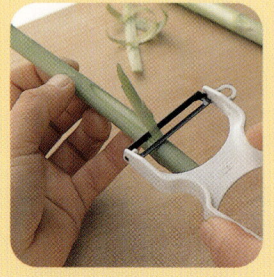

칼로 꼭지(딱딱한 삼각형 돌출부분)를 제거하며 뿌리 끝 껍질을 살짝 벗겨낸다.

칼 대신 필러로 해도 된다.

꽈리꼬추

칼집을 넣는다

통째로 익히거나 볶을 때는 터지지 않도록 칼 밑으로 2~3군데 칼집을 넣는다. 이쑤시개로 몇 군데 찔러도 된다.

유부

기름기를 뺀다

체에 받쳐 뜨거운 물을 전체에 뿌리고 물기를 닦는다. 불필요한 기름기가 제거되는 동시에 맛이 잘 밴다.

요리의 첫걸음

육수 만들기 다시마와 가츠오부시 등 천연재료로 제대로 육수를 내면 음식의 맛이 달라진다.

기본육수 내는 법(약 5컵)

다시마(약 12cm 길이) 1장은 마른 행주로 표면을 가볍게 닦는다. 냄비에 물 5~6컵을 넣고 다시마를 10~15분 정도(가능하다면 1시간 가까이) 담가둔다.

냄비를 중불에 올려두고 끓기 직전에 다시마를 건져낸다. 끓어오르면 다시마의 점액질이 나오니 주의.

가츠오부시 2컵을 한 번에 넣고 불을 끈다. 가츠오부시가 가라앉을 때까지 3분 정도 그대로 둔다. 가츠오부시는 다듬어지지 않은 것이 좋다.

그릇에 걸친 가는 체 위에 면보(또는 키친타월 두 장을 겹친 것)를 깔고 냄비를 기울여 육수를 거른다. 남은 육수는 밀폐용기에 옮겨 냉장고에 넣고, 2~3일 안에 사용한다. 냉동 보관하면 1개월 정도 사용 가능하다.

전자레인지로 간단히 육수 내는 방법(약 3컵)

마른 행주로 표면을 살짝 닦은 다시마(5×5cm 길이) 1장과 가츠오부시 1컵을 내열그릇에 넣고 물 3컵을 따른다. 랩을 씌운 후 전자레인지에 넣고 상태를 살피며 끓을 때까지 4분 정도 가열한다.

가는 체에 키친타월 2장을 겹친 후 장갑을 끼고 그릇을 살짝 들어 국물을 거른다.

튀김용 기름 온도 중불로 가열한 지 2~3분이 지나면 물기가 없는 젓가락으로 기름의 온도를 체크한다.

저온(160~165℃)

천천히 기포가 생긴다
한 박자 뒤에 젓가락에서 작은 기포가 천천히 드문드문 생기는 상태

중온(170~180℃)

작은 기포가 생긴다
젓가락 끝에 작은 기포가 금방 슈슉 소리 내며 생기기 시작하는 상태.

고온(185~190℃)

기포가 팔팔 끓어오른다
중온이 된 후 1~2분 정도 중불에 더 올려두면 이 상태가 된다.

녹말물을 만들다

물에 녹는 녹말가루로 녹말물을 만들면 맛이 착착 감기는 동시에 잘 식지 않아 맛이 오래 간다. 중국식 볶음요리나 일식 조림 등에 흔히 쓰인다.

작은 그릇에 녹말가루나 동량에서 2배 정도의 물을 넣어 녹인다. 시간이 지나면 가루가 가라앉으므로 요리에 끼얹기 직전에 한 번 더 잘 섞어준다.

국물이나 조미료가 잘 끓어오른 상태에서 전체에 골고루 부어준다.

뭉치지 않도록 바로 전체를 크게 섞어준다. 뒤집개로 저은 흔적이 남을 만큼 끈적임이 생기면 곧 불을 끈다.

빵가루를 입히다

커틀릿이나 고로케 등을 만들 때는 밀가루, 달걀물, 빵가루 순으로 재료에 균일하게 옷을 입힌다.

먼저 밀가루를 묻힌다. 쟁반에 밀가루를 넓게 담고 재료를 굴리며 전체적으로 얇게 가루를 묻힌다. 쓸데없는 가루는 털어낸다.

달걀물에 전체를 담근다. 달걀물을 작은 그릇에 담으면 작업이 편해진다.

마지막으로 빵가루를 묻힌다. 쟁반에 빵가루를 넓게 편 후 재료를 놓고 주변의 빵가루를 위에서 덮듯이 전체에 묻힌다. 마지막으로 표면을 가볍게 눌러준다.

기본적인 썰기 6종

통썰기

어슷썰기

반달썰기

십자썰기

채썰기

편썰기

파

다지기

채썰기

4~5㎝ 길이로 자르고 섬유질을 제거한 후 세로로 중심 가까이까지 칼집을 넣고 심을 도려낸다.

살짝 겹쳐서 끝부터 잘게 채썬다. 물에 씻어 깨끗이 한다.

마늘

다지기

세로로 반을 잘라 가운데를 도려낸 후 세로로 가늘게 칼집을 넣는다. 반대쪽으로 방향을 바꿔 칼을 눕혀 옆으로 칼집을 넣고 칼집과 직각으로 끝에서 가늘게 썬다.

으깨서 다지기

세로로 반으로 자른 후 도마 위에 자른 면을 밑으로 놓고 나무주걱이나 칼의 단면을 대고 손으로 힘껏 누른다. 이렇게 하면 심이 쉽게 빠져나간다. 끝부터 거칠게 다진다.

으깨기

세로로 반으로 자른 후 단면을 아래로 두고 나무주걱이나 칼의 단면을 대고 손바닥으로 짓누른다. 향을 내고 싶은 볶음요리 등에 사용한다.

우엉

껍질을 긁어낸다

껍질에도 향과 맛이 있기 때문에 깎지 않고 칼날이나 숟가락으로 긁어낸다. 갈색 껍질이 살짝 보일 정도로만 돌려가며 표면을 가볍게 긁어낸다. 물에 담가 수세미로 가볍게 문지르면 된다.

양파

다지기

세로로 반으로 자른 후, 끝부분을 남기고 섬유질을 제거하고 세로로 칼집을 넣는다. 방향을 바꿔 칼을 눕혀 세로로 칼집을 넣고 칼집과 직각으로 끝부터 잘게 썬다.

생강

채썰기 한다.

껍질을 벗기고 섬유질을 제거한 후 얇게 썬다. 섬유질이 세로가 되도록 살짝 어슷하게 겹쳐서 끝부터 잘게 썬다.

이 책에 나오는 재료

이탈리안 파슬리(76p)

일반 파슬리보다 향이 은은하고 잎이 부드럽다. 파스타나 샐러드 토핑에 사용하며 풍미를 즐기거나 수북이 담아 포인트를 줄 때 쓰인다.

어린잎채소(32p)

루꼴라나 수채 등 아직 덜 자란 어린잎을 골라내거나 섞은 것. 다양한 향과 색, 식감을 즐길 수 있고 샐러드나 고기·생선 요리에 곁들이는 데 사용한다.

루꼴라(92p)

참깨 같은 향이 특징으로 고기요리나 파스타, 샐러드, 피자 토핑 등에 사용된다. 이탈리아 요리의 포인트가 되는 허브.

산초나무순(94p)

산초山椒나무 잎으로 한국과 중국, 일본에서 나는, 봄향기를 대표하는 허브. 구이나 밥 등의 토핑에 사용하면 봄내음이 물씬 난다. 사용하기 직전 손으로 비비거나 잘게 썰면 향이 더 진해진다.

향채(=고수)(24p)

코리앤더라고도 하는 아시아 허브. 독특한 방향성이 있으며, 썰어서 샐러드나 볶음요리에 넣거나, 면류 등의 약미로도 인기가 있다.

샐러드용 시금치(40p)

샐러드용으로 품종개량한 시금치. 잎이 부드럽고 줄기가 가늘며 쓴맛 성분이 있는 수산이 적어 생으로 먹을 수 있다.

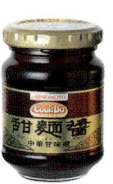

깨소스(179p)

참깨를 빻아 페이스트 상태로 만든 것. 감칠맛이 나는 부드러운 맛이 특징. 찜이나 무침요리, 진한 양념 등에 사용한다. 참깨와 검정깨 2종류가 있다.

춘장(120, 134p)

밀가루를 원료로 누룩을 첨가한 중국 소스. 북경오리요리의 국물이나 마파두부, 회과육 등에도 이용된다.

칠리파우더(102p)

붉은 고추에 오레가노, 커민(쿠민) 등을 첨가한 믹스스파이스. 카레나 멕시코 요리 등에 매운맛을 가하는 동시에 복잡한 향에 사용된다.

가람 마살라(100p)

후추나 코리앤더, 붉은 고추 등 매운맛이 있는 향신료를 조합한 믹스스파이스. 인도 요리의 향을 내는 데 사용되는데, 카레에 첨가하면 맛이 다채로워진다.

고추장(53, 96p)

쌀, 누룩, 붉은 고추장을 발효시켜 만든 한국의 전통장. 찌릿한 매운맛이 있고 불고기나 비빔밥 등에 사용한다.

파프리카(분말)(90p)

매운맛이 적은 고추의 일종. 완숙한 파프리카를 건조시켜 분말 상태로 만든 것으로, 찜이나 샐러드 등의 색과 향을 내는 데 사용된다.

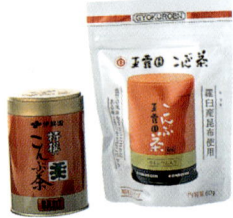

다시마차(180p)

다시마를 과립형으로 만든 것. 물에 타서 마시는 용도 외에도 소금기와 단맛을 살려 샐러드나 무침요리의 맛을 내는 데에도 사용한다.

오레가노(말린 것)(92p)

개운하고 다소 야생적인 강한 향이 특징. 토마토와의 궁합이 잘 맞고, 이탈리아 요리 외에 중남미 요리 등에 자주 사용된다.

파마산치즈(112p)

이탈리아를 대표하는 장기 숙성 타입의 경질치즈. 촉촉하고 진한 짠맛이 나며 썰어서 파스타나 수프, 피자 등 이탈리아 요리 전반에 사용된다.

병아리콩(92p)

가반조, 이집트콩이라고도 불리는 서아시아 원산지 콩. 담백해서 샐러드나 찜요리, 카레 등에 폭넓게 사용된다. 건조시킨 것도 있지만 바로 먹을 수 있는 통조림이나 드라이팩이 사용하기 편하다.

라이스페이퍼(85, 186p)

녹인 쌀가루를 펴서 건조시킨, 베트남이나 태국 식재. 생춘권이나 튀김춘권 피로 사용된다. 사용할 때는 한 장씩 찬물이나 미지근한 물에 데치거나 분무기로 적신다.

유자후추(144p)

청유자 껍질을 벗겨 푸른 고추, 소금 등을 첨가한 조미료. 소량으로 유자향과 매운맛을 맛볼 수 있다. 냄비요리 외에 드레싱이나 소스에 넣기도 한다.

남푸라(181, 184p)

생선을 내장째 염장하여 숙성시켜 만든 태국 간장. 농후한 맛과 독특한 향이 일품이다. 에스닉 요리에는 빼놓을 수 없는 조미료이다.

넛맥(22, 90p)

한방약으로도 이용되는 육두구과 과실 씨앗을 건조시켜 자른 것. 달콤한 향과 순하게 쓴 맛이 있다. 햄버거 등의 고기요리의 냄새제거에 사용한다.